Apple
Amazon
Google

AMEMIYA Kanji
雨宮寛二 著

アップル、アマゾン、グーグルの競争戦略

NTT出版

アップル、アマゾン、グーグルの競争戦略▼▼▼目次

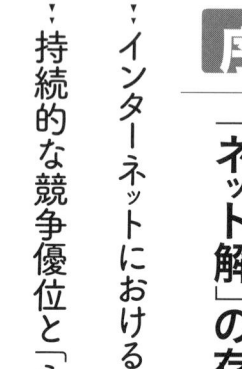

第2章

戦略と分析手法の考え方

第3章

アップルの戦略とイノベーション

第4章 アマゾンの戦略とイノベーション

第5章 グーグルの戦略とイノベーション

第6章 プラットフォームの競合と戦略分析

アップル、アマゾン、グーグルの競争戦略

序章

「ネット解」の存在

▶▶▶ アップル、アマゾン、グーグルの3社は、これまでインターネットと独自の距離感を保ちながら、顧客価値を創造しイノベーションの大きな波を創り出してきた。3社が競争優位を勝ち取り成功してきた背景には、インターネット・ビジネスの解、すなわち、「ネット解」が存在する。3社がそれぞれ独自の方法でインターネットを自社の戦略に活用することは、「ネット解」を得るために重要な意味を持つ。インターネットは企業活動にどのような影響を与え、いかなる可能性をもたらしてくれるのであろうか。

1 インターネットにおける3社のポジショニングと今後の方向性

インターネットが商用化されて20年あまりが経過した。その間、無数のドットコム企業（dot-com company：インターネット・ビジネスを手掛ける企業）が誕生しインターネットをビジネスに取り入れた既存企業が多数現れたが、イノベーションの波を起こした企業は少ない。多くの企業は波を起こせないばかりか、存続すらできずにインターネットという大海原から消えていった。現在のインターネット・ビジネス業界では、イノベーションを生み出すテクノロジー能力に加え、消費者の価値観を変えるほどのブランド力が備わってないと、持続的な成功を収めるのは難しい。本書で取り上げるアップル、アマゾン、グーグルの3社は、まさにイノベーションの大きな波を創り出してきた企業であり、消費者の価値観を変えるブランド力を備えた企業でもある。

3社はいずれも小さなガレージから創業したベンチャー企業であるという点では共通しているが、インターネットの商用化時期を境にして、それ以前にアップルが、以降にグーグルが、さらに、商用化がまさしく本格化し始めた頃にアマゾンが創業しているという点で、3社は極めて特異な存在である。というのも、この違いが3社のインターネットとの距離感の違いにそのまま表れているからである。3社をいわゆるインターネットの空間にプロットしてみると、インター

図表序-1 ►インターネットにおける3社のポジショニングと今後の方向性

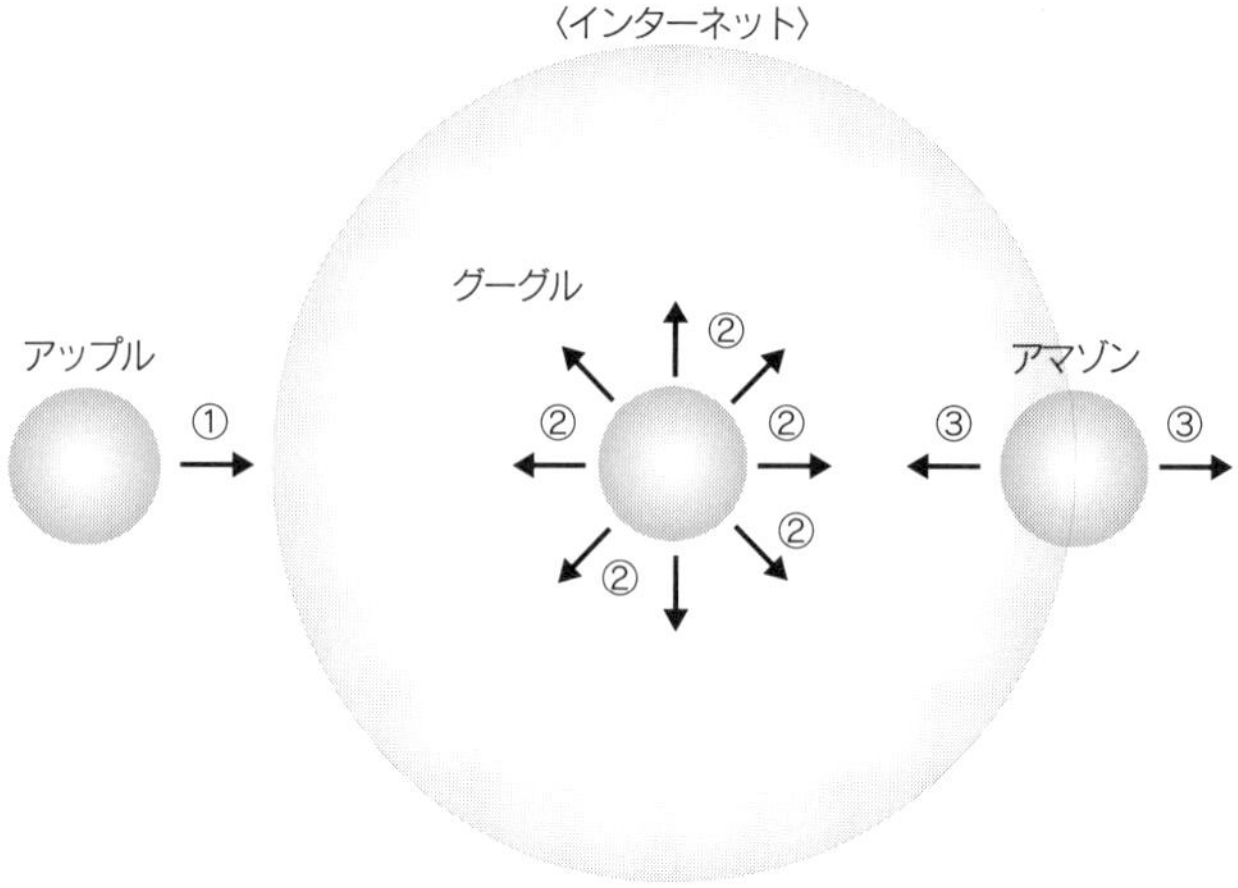

ネット空間の外側にアップルが位置し、内側にグーグルが位置し、その中間にアマゾンが位置している（図表序-1）。

3社がいずれもインターネット指向の会社である点は疑いの余地がない。インターネットの商用化以前にパソコンメーカーとして創業したアップルは、インターネット商用化後、長い年月をかけてインターネットとのギャップを埋める努力をし続け、次々とイノベーティブな製品を市場に送り出してきた。その手法として、アップルはインターネット空間には直接入り込まずに、むしろインターネットを利用しながら、操作性や機能性、デザイン性に優れた最先端の創造性にあふれた製品を創り出すことに成功している。最近では、アップルが標榜するデジタル・ライフスタイル戦略のハブ（hub：中心）をローカル（local：デジタル端末）からクラウドへとシフトし、インターネットとの親和性をさらに強めている（図表序－１－①）。

一方、アップルと対極に位置するグーグルは、インターネットの商用化以降に創業したドットコム企業らしく、インターネットを熟知したスマートなネット指向の強い企業である。グーグルはインターネットを既存のメディアとは全く異なるメディアとして捉えている。世界で氾濫し続ける情報をインデックス化（検索エンジンによりWEBサイトの情報を順位付けしデータベース化する）し整理しながら、顧客の関心や注目に従い必要な情報だけを取り出せる検索エンジンを開発し、これをベースにWEB全体に広告ネットワークを張り巡らせ、インターネット全体をメディアとして捉えるビジネスモデルを確立することに成功している。こうしたグーグルのインターネットに対するメディア感は、創業以来一貫して変わらず現在に至るが、あらゆる事業分野でインターネット空間を制圧するまで今後もこの方向性は継続されるに違いない（図表序－１－②）。

アップルやグーグルと異なり、インターネットが商用化して、ライバルのドットコム企業の多くと同じスタートラインに立ち出発したのがアマゾンである。オンライン書店として創業したアマゾンはインターネットの空間のみに留まらず、全体最適を図った物販システムを構築し、ネットとリアルの一体型ビジネスを展開することに成功している。近年では、キンドルといった電子書籍リーダーを開発する一方で、音楽分野などでクラウド型サービスをリリース（release：製品などの発表・発売）するなどして、インターネットとリアルをまたがる両極への指向性を強めている

（図表序－1－③）。

このように、アップル、グーグル、アマゾンの3社はそれぞれ独自にインターネットとの距離感を保ちながら、イノベーションの大きな波を創り出してきた。

2 持続的な競争優位と「ネット解」の存在

それでは一体、これらの企業はどのようにして競争優位を勝ち取り成功したのであろうか。3社の成功を可能にした背景には、それぞれ次のような特徴がある。

・顧客価値を創造し高めるために、顧客が何を望んでいるかを的確に把握した上で、自社で何ができるか考えながらビジネスモデルを構築し、インターネットを利用した製品・サービスを具現化している。
・競合他社を模倣せず、自社独自の戦略を追求している。
・機能性や操作性、デザイン性に優れた製品・サービスを開発することに自社の経営資源を集中させ、価格以外で差別化できる領域を生み出している。

・インターネットを熟知し、高度なテクノロジー能力を兼ね備えている。
・インターネット以外の既存システムを組み合わせてビジネスを展開し、リアルとネットを上手に補完しながら自社の独自性を生み出している。

1番目と2番目は3社に共通する特徴であり、3番目以降は順にアップル、グーグル、アマゾンの特徴をそれぞれ示している。これらの特徴から伺えるように、3社は自社を成功に導くためのインターネット・ビジネスの解、すなわち、「ネット解」を有している。近年では、インターネット利用人口の増加とともに、インターネットをビジネスに活用する企業が増えているため、競合他社との差別化を図り自社の独自性を生み出しながら競争優位性を持続させることが極めて難しくなりつつある。よって、3社のように、それぞれ独自の方法でインターネットを自社の戦略全体に活用することは、「ネット解」を得るためには非常に重要な意味を持つ。このように、インターネットを活用して成功するイノベーティブな企業にはそれぞれ独自の「ネット解」が存在するが、インターネットは企業にとって、企業活動つまりバリューチェーン（value chain：価値連鎖）をより緊密に統合し、企業が目指す戦略を後押ししてくれる可能性を秘めている。

3 本書の目的と構成

本書では、まず、第1章でこの20年の間にインターネット利用人口が増加した要因を世界と日本の両方の市場から俯瞰する。ブラウザ戦争、ドットコム企業の誕生、インターネット・バブル、新たなオンライン・サービスの潮流、携帯端末の普及など、インターネット利用人口の増加を加速化させてきた要因は実に多い。これらの他にも多くの要因が考えられるが、本書では特にインターネット利用人口の増加に寄与した比較的大きな要因を取り上げるようにした。こうした状況を踏まえた上で、インターネット・ビジネスを定義し、インターネット・ビジネスを成功に導く要因についての考察を試みている。ここでは特に、インターネットの特性を考慮し実証的な要因を取り上げた。具体的には、ユーザー経験知の活用、アテンション・エコノミーの具現化、ネットワークの外部性の活用、コミュニティの形成などである。また、近年の消費者のライフスタイルの変化に伴い、メディア融合によるインターネット・ビジネスなどインターネットを活用した新たなビジネスについても言及している。

第2章では、企業活動において、顧客価値創出のための戦略モデル、ビジネスプロセスモデル、利益創出のための収益モデルの3つのモデルを明らかにすることにより、企業が有効なビジネスモデルを機能させることができる点について考察している。特に、ビジネスプロセスモデルで考慮すべきフレームワークとして、垂直統合モデルと水平統合モデルを挙げ、垂直統合モデルの具体的な事例として、iPhoneのビジネスモデルについての実証的な検証を試みている。

第3章、第4章、第5章では、アップル、アマゾン、グーグルが自社を成功に導くための「ネット解」をどのようにして生み出してきたかをそれぞれ検証している。3社の企業理念や企業戦略に加え、創業から今日に至るまでの企業経営の実態と製品進化の軌跡をそれぞれ示した上で、3社の事業領域を明らかにし、主力事業の中でも特にイノベーションを起こした事業に焦点をあて、事業戦略やビジネスモデルを明確にしながらイノベーションを可能にした戦略や優位性の解明を試みている。

第6章では、3社が競合するサービス分野に焦点をあてている。デジタル音楽配信(楽曲購入・楽曲管理)に始まり、アプリ配信、電子書籍、クラウド・コンピューティング、モバイル(携帯電話・広告)、TV、PC(OS)、WEBブラウザなど3社が競合するサービス分野は多岐にわたる。その中で3社全てが競合する分野として、デジタル音楽配信(楽曲購入・楽曲管理)サービスと電子書籍サービスを取り上げ、それぞれのサービス分野で繰り広げられる各社の戦略シフトとポジショニングを検証する。さらに、3社が現在とっているサービス提供戦略とプラットフォーム戦略を比較・検証しながら、3社が取るべき今後の戦略の方向性を示唆することを試みている。

アップル、アマゾン、グーグルの3社が自社を成功に導くための「ネット解」は確かに存在する。3社がこれまでと同じようにインターネットという空間を利用して、自社の独自性を生み出しながらイノベーションの波を創り出していくかぎり、今後も間違いなく進化し続け競争優位を持続していくに違いない。3社がこれからも躍進し続け、「ネット解」の存在を常に我々に示してくれることを期待して止まない。

第1章

インターネットの発展とインターネット・ビジネス

▶▶▶グローバルなインターネット利用人口の増加に伴い、顧客の嗜好変化に合わせて、これまで多くのインターネット・ビジネスが誕生し展開されてきた。インターネット・ビジネスを成功に導く要因はさまざまであるが、インターネット・ビジネスの世界で事業環境を一変させてきたドットコム企業には共通した成功要因が存在する。いずれの成功要因にも共通していえるのは、顧客価値を創造し高めることを目的としている点である。ここでは、インターネットの利用人口が増加した要因を考察し、既存のインターネット・ビジネスの形態を示した上で、近年米国や日本で衆目を集めている新たなビジネスの形態を紹介しながら、インターネット・ビジネスを成功に導く要因について検証してみたい。

1 世界のインターネット利用と発展

1・1 ブラウザ戦争

この20年の間で世界のインターネット利用人口は20億人に達した。図表1－1は、1990年から2010年までの世界におけるインターネット利用者数の推移を示している。インターネットは人々の暮らしを大きく変え、今や、人々の日常生活になくてはならない存在となっている。なぜ、これほどまでにインターネットは利用されるようになったのであろうか。その出発点となったのがWEBブラウザ（WEB browser/browser）の普及である。

ブラウザとは、WEBページを閲覧するためのソフトで、インターネットを通じてテキストファイルや画像ファイル、音楽ファイルなどをダウンロードし、表示や再生をしてくれるアプリケー

図表1-1 ▶世界のインターネット利用人口　1990年～2010年

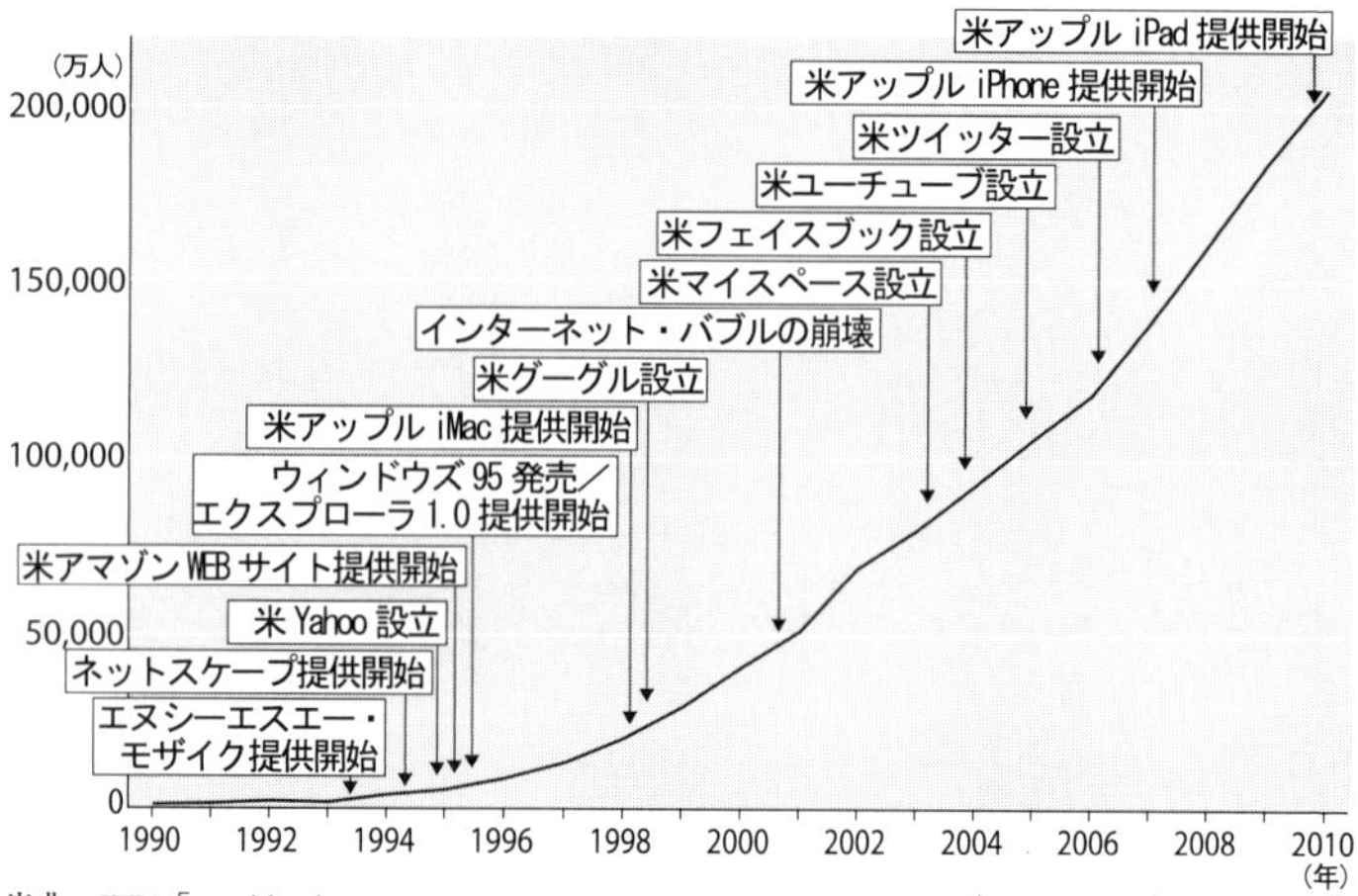

出典：ITU「World Telecommunication/ICT Indicators Database 2011 (15th Edition)」
（http://www.itu.int/ITU-D/ict/publications/world/world.html）

ションである。ＷＥＢ利用者が増加する契機となった最初のブラウザは、１９９３年に登場したエヌシーエスエー・モザイク（NCSA Mosaic）である。モザイクは画像ファイルが扱える最初のブラウザであり、テキストと画像を同一ウィンドウ内に表示できたため、ＷＥＢの利用者が増えるきっかけとなった。

　モザイクの開発に携わったマーク・アンドリーセン（Marc Andreessen）は、その後、ネットスケープ・コミュニケーションズ（Netscape Communications Corporation）を設立し、１９９４年にネットスケープ・ナビゲーター（Netscape Navigator）を発売する。ネットスケープはたちまち世界の最も主流なブラウザとなり、最盛期にはＷＥＢ市場で利用率が９割まで上昇した。一方、モザイクのマスターライセンスはスパイグラス（Spyglass, Inc.）に付与され、さらに、マイクロソフト（Microsoft Corporation）へと引き継がれることになる。

マイクロソフトはモザイクのコードを基に新たなブラウザを開発する。それが1995年に開発されたインターネット・エクスプローラ1・0（Internet Explorer 1.0）である。マイクロソフトはエクスプローラをウィンドウズ（Windows）に内蔵させることにより、オペレーティングシステム（Operating System, ：OS）市場で得た競争優位性（competitive advantage）をブラウザ市場にも引き継ぐことで優位性を築く戦略を取ったため、エクスプローラの利用率は2002年にピークに達し95％を超えるまでになる。このように、初期のインターネット利用はこうしたブラウザ戦争（browser wars）とともに着実に伸びていった。

1・2 ▾ オンライン・サービスの登場

こうしたブラウザの普及に伴い、1995年以降インターネット市場に次々とオンライン事業のパイオニアが登場し、インターネットの利用が促進される。中でもヤフー（Yahoo!）やアマゾン（Amazon.com, Inc）、グーグル（Google Inc.）などが独創的なインターネット・ビジネスを展開し、インターネット利用の促進に大きな役割を果たしている。ヤフーは膨大なコンテンツ（content）を有するポータルサイト（portal site）を開設し、検索やショッピング、オークション、ニュース、メール、ゲーム、映画、音楽などさまざまなサービスを提供し、顧客価値（customer value）を創造することで集客力を高めることに成功している。

ポータルサイトは集客力を活かし広告や有料コンテンツで収入を得るビジネスモデル（business model/business method）であるが、集客力が低いと収入が伸びないため事業の継続は難しい。実際、1995年以降のインターネットブームとともに多くのポータルサイトが立ち上げられたが、ヤフーのように生き残った事業者は少ない。

一方、グーグルは1998年にWEB検索サイトを立ち上げている。グーグルはWEB検索サービスを無償で提供することにより集客力を高め、検索サイトに広告を載せるなどして収入を得ることに成功した。こうして、WEB検索サービスでビジネスモデルを確立したグーグルは、今ではWEBアプリケーションや基盤技術などを手掛けるまでに成長している。

このように、ドットコム企業の新たな登場によりインターネット利用が促進され、2000年までにインターネット利用者は5億人に迫るようになる。

1・3▼インターネット・バブル

この流れに水を差したのが、2001年に起きたインターネット・バブル(internet bubble/.com bubble)の崩壊である。インターネット・バブルは1990年代末期に米国市場を中心にして起こった社会現象で、多くのインターネット関連ベンチャー企業が設立され、こうした企業への投資が高潮したため、1999年から2000年にかけて株価が高騰した。

インターネット・バブルを誘発した背景には、膨大な双方向通信が顧客との間で可能になるといったEコマースの可能性が、既存のビジネスモデルを揺るがせたという実態が存在する。また、米国では政策金利(bank rate)が1998年から1999年にかけて一時下がったため、投資資金の調達が容易になったことも少なからず影響している。

1・4 ▶ 新たなオンライン・サービスの潮流

インターネット・バブル崩壊から落ち着きを取り戻した2003年以降、ブログ(blog)やソーシャル・メディア・ネットワーク(Social Media Network)など新たなオンラインビジネスがインターネット市場に現れ、インターネット利用がさらに促進されていく。牽引役の中心となった事業者は、マイスペース(Myspace)やフェイスブック(Facebook, Inc.)、ツイッター(Twitter, Inc.)、ユーチューブ(YouTube)などである。

フェイスブックは、当初、米国の学生向けに限定されて開始された無料のソーシャル・ネットワーキング・サービス（Social Networking Service：ＳＮＳ）であるが、２００6年以降一般にも開放され会員数を着実に伸ばし続けている。フェイスブックでは、アカウント（account：会員）登録が実名登録制で、規約により義務付けられている。また、アカウント作成の際には、住所や学歴、趣味、宗教、家族構成といった個人情報の登録も必要とされる。フェイスブックを利用すると、同じ目的や趣味を持つユーザーと連絡を取り合い交流が深められる。特に、インタラクティブなコミュニケーションが取り易い環境作りがされていて、「いいね！（Like!）」「シェア」「コメント」ボタンなどつい反応したくなるような工夫が施されている。

拡張性もまたフェイスブックの特徴のひとつで、デフォルトで用意されているチャットや動画、写真、グループ、イベント、リンク（hyperlink）などの公式アプリケーション以外に、サードパーティ（third party：第3者）の事業者（外部の事業者）が提供するアプリケーションを追加できる。

フェイスブックの主な収益源は広告売上やバーチャルグッズ売上であるが、広告による収益モデルをフェイスブックに持ち込んだのはマイクロソフトであった。２００7年10月、マイクロソフトはフェイスブックの株式を１・６％取得するため2億４０００万ドルを出資し、フェイスブックが全世界で運営するＷＥＢサイトに広告を独占供給することを発表した。この時点では、まだフェイスブックは黒字化を達成していなかったにもかかわらず、マイクロソフトは出資を決めるにあたり、フェイスブックの時価総額（market capitalization：market cap）を150億ドルと評価している。この出資を契機にフェイスブックのビジネスモデルが確立することになり、2011年9月には世界でフェイスブックの会員数が8億人を超え現在もなお増え続けている。

人と人とのつながりを促進したり友人や同僚との交流を深めたりするこのフェイスブックと対極に位置し、ゆるいつながりを目的として不特定多数と同時にコミュニケーションがとれるサービスがツイッターである。ツイッターの出現もまた、インターネットの利用人口に少なからず影響を与えている。ツイッターはツイート（tweet）と呼ばれる140文字以内の文章を投稿し閲覧できるコミュニケーション・サービスである。今の自分の思いや考えを短文で伝えたり知ったりする観点から、ツイッターをミニブログ（microblogging）と表現することもある。

ツイッターでは、ツイートのほかに他のユーザーの投稿に返信するリプライ（reply）や他のユーザーの投稿を再投稿するリツイート（retweet）も可能で、投稿が時系列に並べて表示される画面はタイムライン（timeline）と呼ばれ、最新の投稿ほど上位にランクされ、古い投稿は下位に向かって流れていくようになっている。こうした機能を備えたツイッターの最大の特徴はリアルタイム性と伝播力にあり、即時に広範囲に情報を送受信することで世の中の事象や状況を即座に把握でき情報発信が可能であるため、新たな社会的インフラとして捉えることもできる。

ツイッターの登録ユーザー数は年々増加し、2011年3月には世界で2億人に達している。

ユーザーはツイッターを無料で利用できるため、ツイッターはビジネスとして成り立たないと考えられていたが、ツイッターは2010年4月にプロモーティド・ツイート(Promoted Tweets)という新たな広告プラットフォームを立ち上げ、広告収入を基本としたビジネスモデルを目指す考えを示している。プロモーティド・ツイートとは、ツイッターのサイト上で検索すると検索キーワードに関連した広告が表示されるというもので、一画面に表示される広告ツイートは1件のみとされ、広告パートナーはスターバックスなどごく少数の企業に限られている。

その後、ツイッターは2010年6月にプロモーティド・トレンド(Promoted Trends)を、また、2010年10月にプロモーティド・アカウント(Promoted Accounts)を発表している。これら3つの広告サービスは単一のサービスとして利用することもできるし、必要に応じて組み合わせて使うこともできるが、いずれもテスト段階であり、ツイッターは恒常的に会社を黒字化できるビジネスモデルをまだ確立するに至っていない。

こうした新たなオンライン・サービスの潮流により、2005年にはインターネット利用者は10億人を超えるまでになった。

1・5▼スマートフォンの登場とフルブラウザ

インターネット人口はＰＣを中心に拡大してきたが、携帯電話などの普及によりさらに促進された。中でもスマートフォン（smartphone：高機能携帯電話）の登場はフルブラウザ（full browser）の実現をさらに容易にした。スマートフォンはインターネット接続などのパーソナル・コンピュータ（Personal Computer：ＰＣ）機能やスケジュール管理などの個人情報管理機能、動画・音楽ファイル再生などのマルチメディア機能といったさまざまな機能を備えた高機能携帯電話であるが、２００４年頃、米国でビジネスマンを中心に普及したリサーチ・イン・モーション（Research In Motion Limited：ＲＩＭ）のブラックベリー（BlackBerry）がその草分け的存在である。その後、スマートフォン用のＯＳが次々と開発され、さまざまなスマートフォンが市場に出回るようになる。こうしたスマートフォンの普及に伴い、フルブラウザの開発も活発になっていく。

従来、携帯電話では、画面解像度の問題からＰＣ向けのＷＥＢサイトを十分表示できなかったため、携帯電話向けのブラウザには簡易ブラウザやモバイルブラウザが用いられていた。しかし、現在ではフルブラウザがこれらに取って変わり普及し、携帯電話のＯＳ上で直接動作するネイティブ・アプリケーションとして搭載されているフルブラウザだけでも、アンドロイド・ブラウザ（Android Browser（Google Chrome））、インターネット・エクスプローラ・モバイル（Internet Explorer Mobile）、モバイル・サファリ（Mobile Safari）、オペラ・モバイル（Opera Mobile）など多数存在する。

このように、フルブラウザの登場により、インターネットのＷＥＢサイトがＰＣ同様にフルサイズで表示されるようになった。

こうした携帯電話の普及なども追い風となり、インターネット人口は２００5年から２０１０年の5年間で約10億人と急激に増加し、２０１０年には20億人を超えるまでになった。

1・6▼タブレットPCの普及と今後

タブレットＰＣ（tablet Personal Computer：tablet PC）は、２０１０年1月、アップルがiPadを発表したことにより脚光を浴びるようになった。過去にもタブレットＰＣは販売されたが、ノートＰＣより割高であったため個人ユーザーへの普及は進まなかった。タブレットＰＣにはスマートフォン用に開発されたＯＳが利用されるケースが多く、中でもグーグルのアンドロイドは、モトローラ（Motorola, Inc.）やサムスン電子（Samsung Electronics）など多くの携帯電話メーカーにより、スマートフォンと同様タブレットＰＣのＯＳとして採用されている。

こうしたタブレットＰＣの普及もまた、インターネット人口の増加を促すものであるが、今後も引き続き顧客価値を高めるハード端末やアプリケーション・ソフトが新たに開発され、顧客に提供されることで、インターネット利用人口はますます増加していくであろう。

2 日本のインターネット利用と情報化社会

今日、世界では多くの人々がインターネットの恩恵を受けている。インターネットを介することで、世界中の全ての情報にほんの数秒でアクセスし、知りたい情報を容易に取得できる。日本でも多くの人々がこのインターネットの恩恵を受けながら生活している。総務省によると、2010年末の日本のインターネット利用者数は9462万人と増加傾向にあり、人口普及率は78・2%に達した(図表1－2)。2010年は年間で54万人の利用者が増加したが、1997年以降では年間の増加数が最も少ない。

図表1－3は、「インターネット利用端末の種類(個人)」を示している。総務省によると、個人がインターネットを利用する際に使用する端末は、PC(対前年比2・3%増)やモバイル端末(携帯電話・PHS等、対前年比1・6%減)、ゲーム機・テレビ等(対前年比3・2%減)であるが、PCのみが前年に比べて利用者数が増加している。ゲーム機・テレビ等は2009年に739万人(対前年比30・3%増)と大幅に伸びたが、2010年は微減し増加傾向が一段落した感がある。ゲーム機・テレビ等によるインターネット利用は、従来のPCやモバイル端末(携帯電話・PHS等)に加え、利用端末が多様化していることを示している。

図表1-2 ▶ インターネット利用者数及び人口普及率の推移(個人)

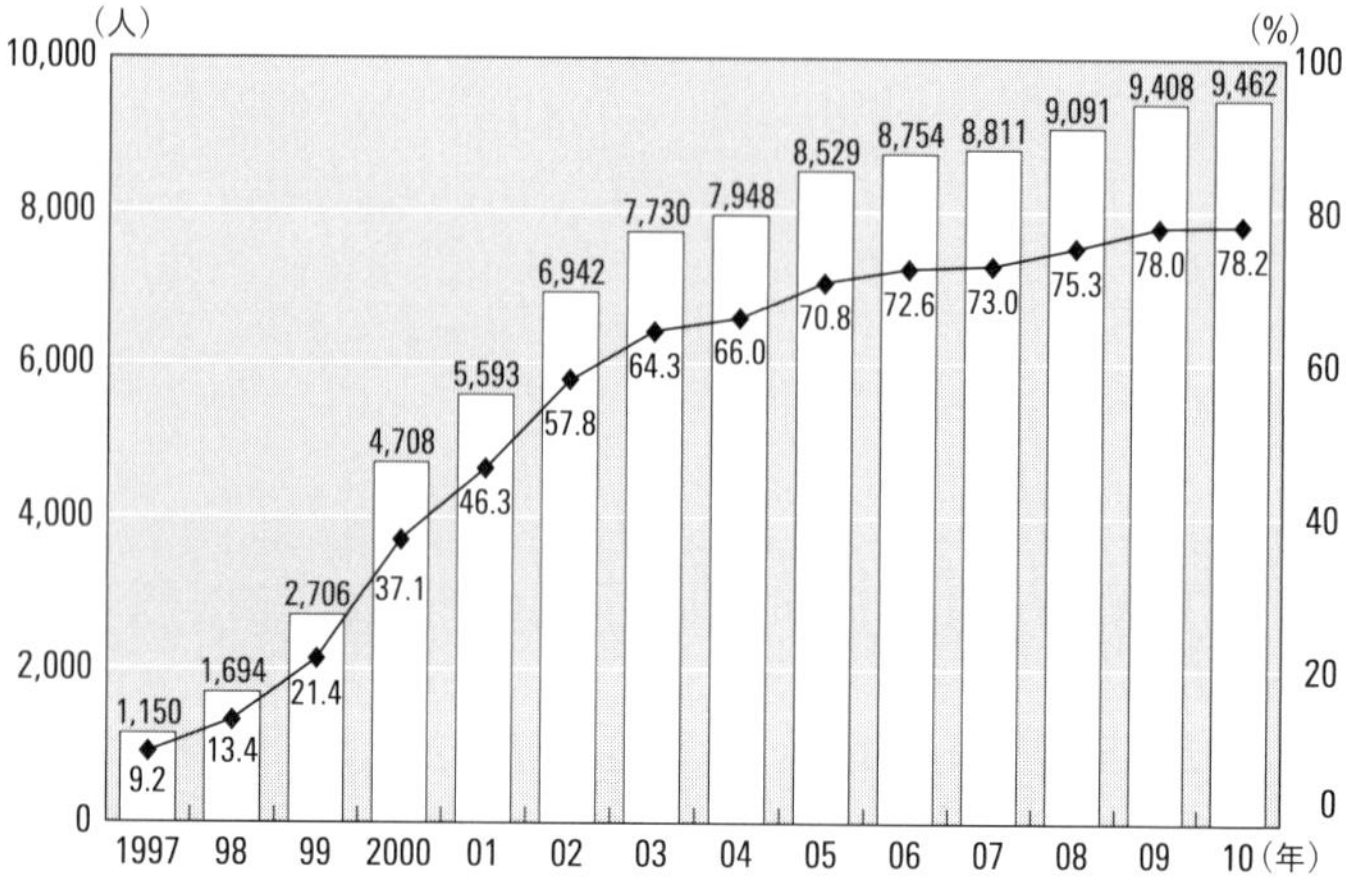

出典：総務省「平成22年通信利用動向調査の結果」(平成23年5月)

図表1-3 ▶ インターネット利用端末の種類(個人：2010年末)

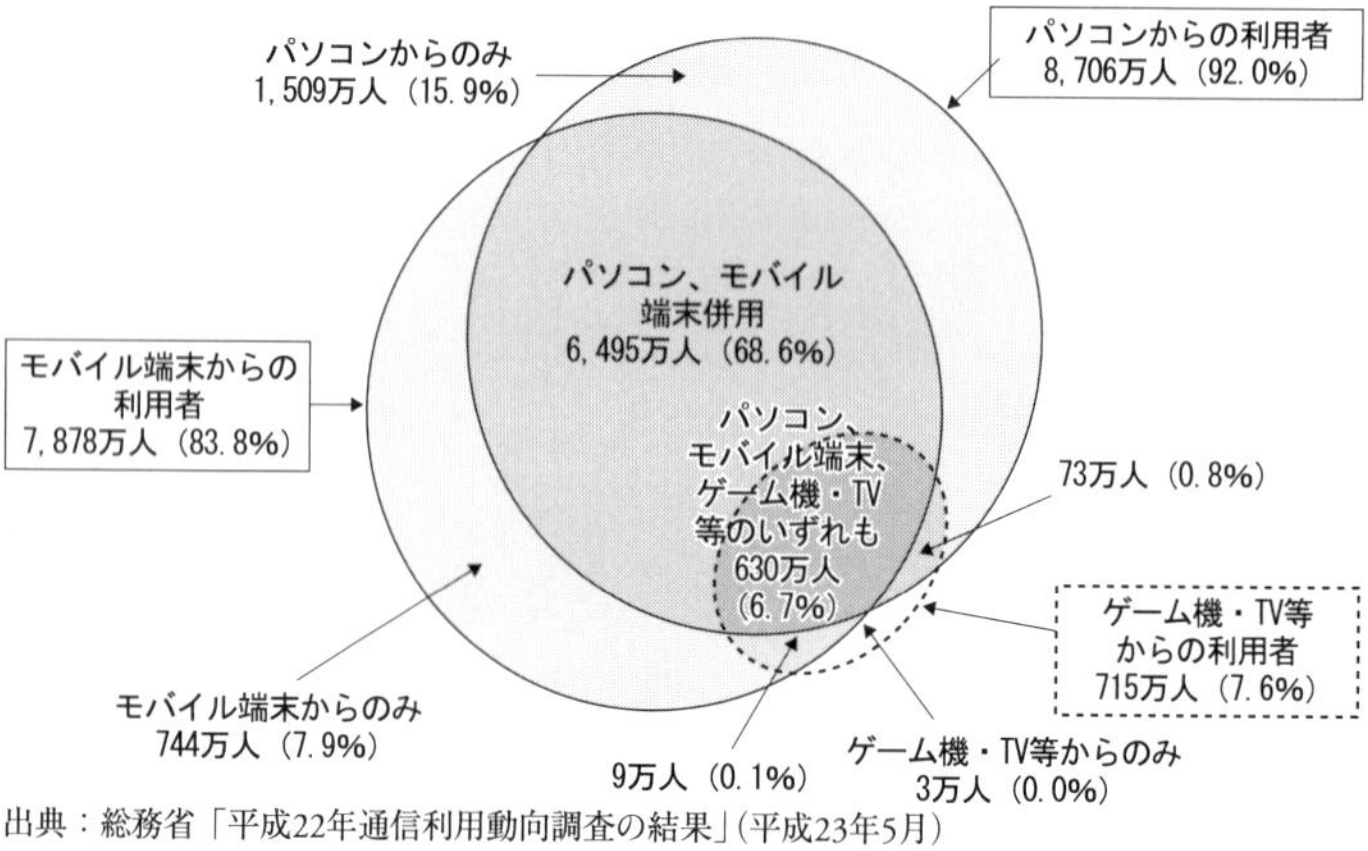

出典：総務省「平成22年通信利用動向調査の結果」(平成23年5月)

図表1-4▶世代別インターネット利用率推移(個人)

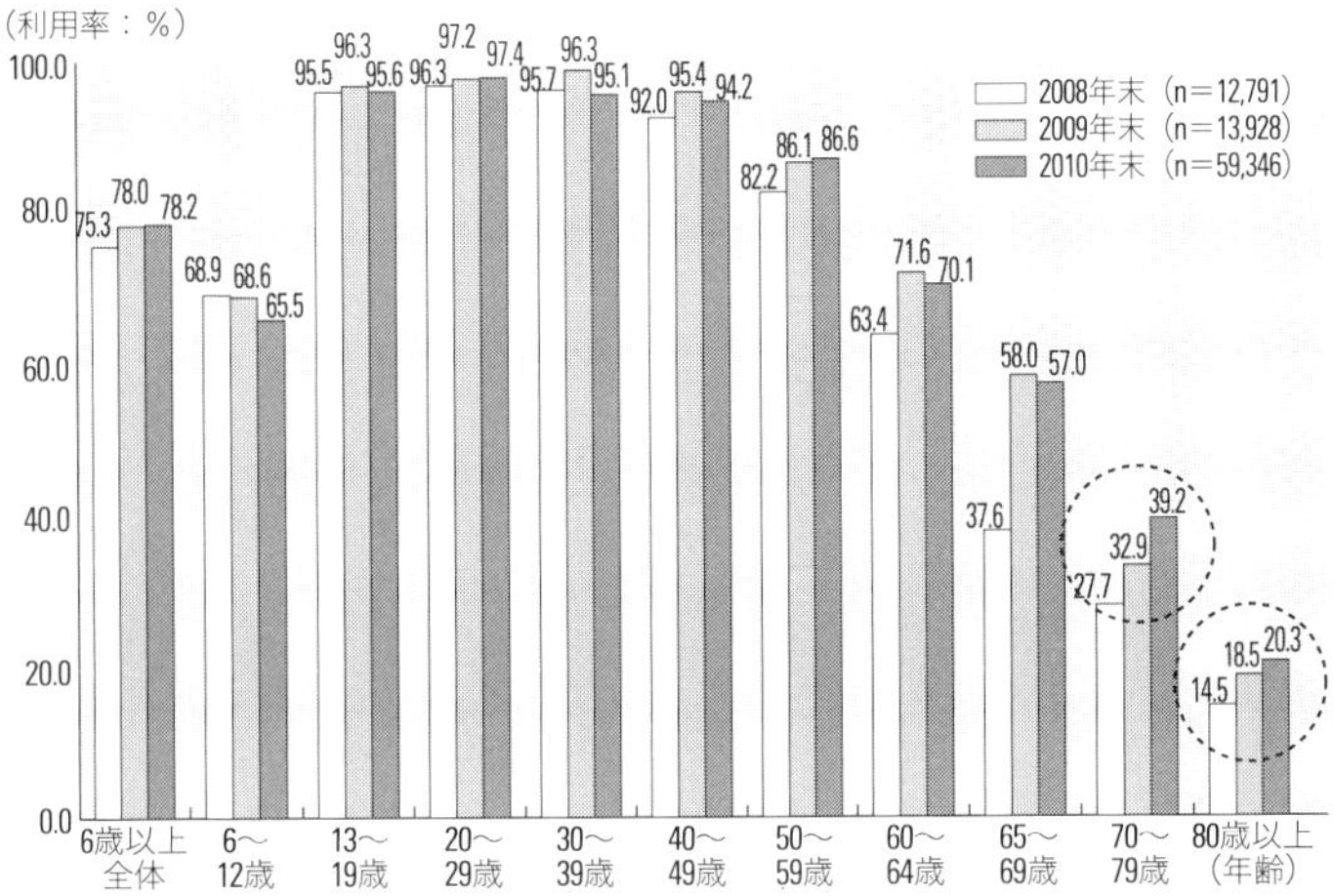

出典：総務省「平成22年通信利用動向調査の結果」(平成23年5月)

また、「世代別のインターネット利用率推移(個人)」を見てみると、70歳以上の世代においてインターネット利用率が増加傾向にある(図表1－4)。さらに、世代別男女別では概ね男性の方が利用率は高い傾向にあるが、13～19歳代、20～29歳代、30～39歳代では女性の方が利用率は高くなっている(図表1－5)。

こうした高齢者や女性の利用率が増加している背景には、近年50歳以上のユーザーやOLを中心とした女性ユーザーにおいて、iPhoneなどのスマートフォンを購入しインターネットを利用するケースが増えているといった実態が存在する。これらの結果から、日本ではインターネット利用の裾野が広くなっていること、また、情報化社

図表1-5 ▶ 世代別男女別インターネット利用率(個人：2010年末)

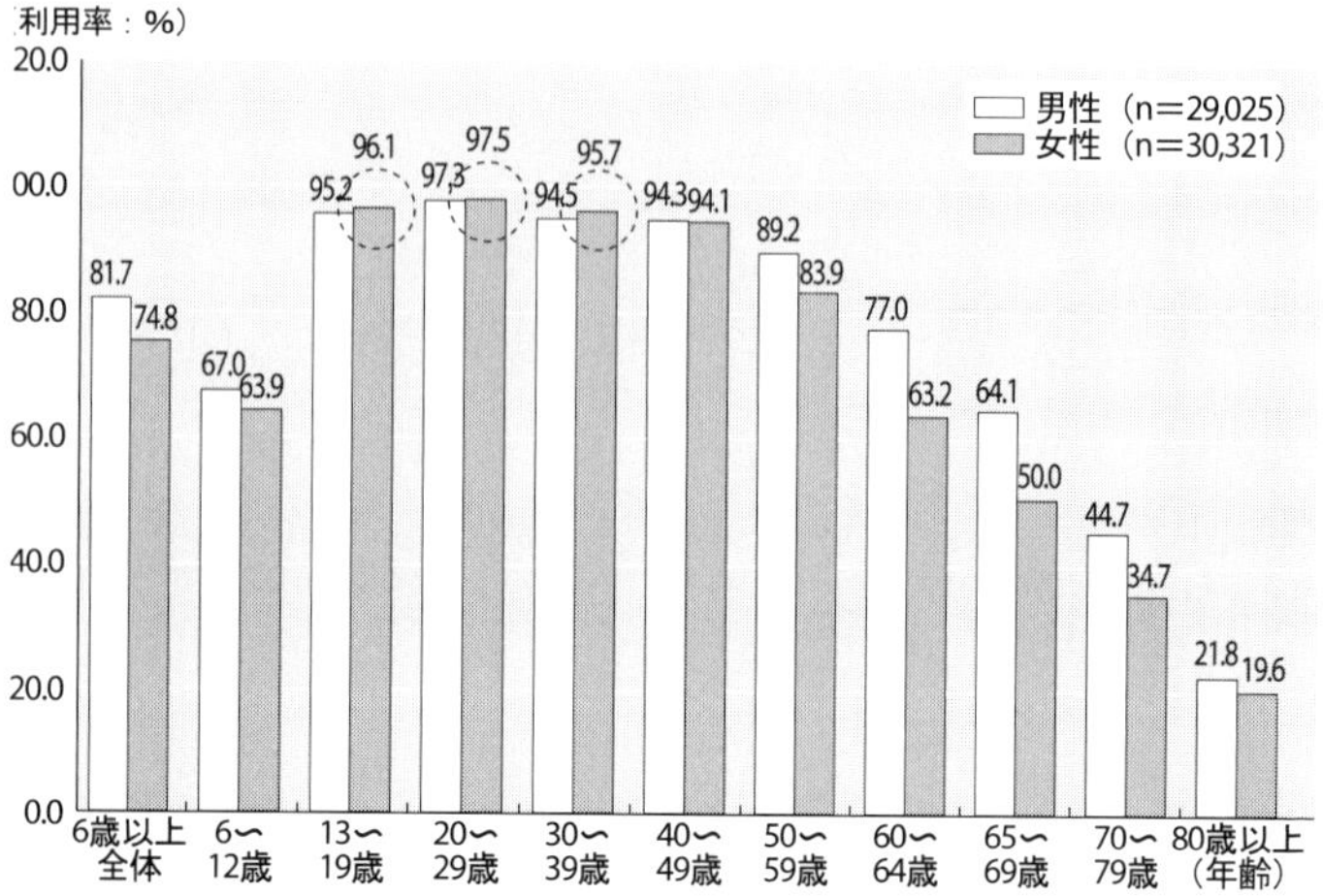

出典：総務省「平成22年通信利用動向調査の結果」(平成23年5月)

図表1-6 ▶ インターネット利用率推移(企業)

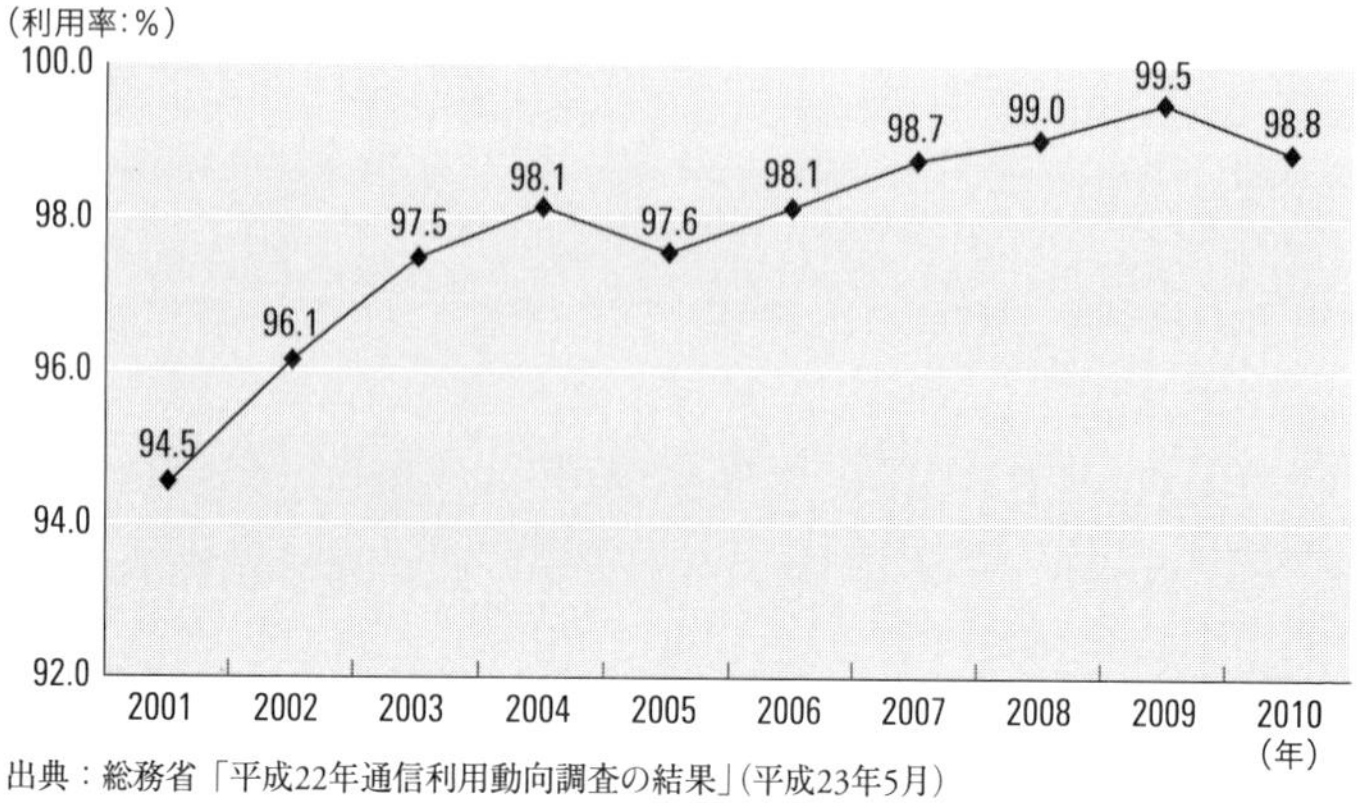

出典：総務省「平成22年通信利用動向調査の結果」(平成23年5月)

会（information-oriented society）が成熟期を迎えつつあることなどが読み取れる。

図表1－6は、「インターネット利用率推移（企業）」を示している。2010年末の企業のインターネット利用率は98・8%であり、過去5年間では初めて減少傾向に転じている。

3 インターネット・ビジネスの考え方

3・1 インターネット・ビジネスの形態

インターネット・ビジネス（internet business）とは、いかなる形態のビジネスを意味するのであろうか。文字通り、インターネット・ビジネスとは、「インターネット（internet）」と「ビジネス（business）」の2つの用語からなり、インターネットを使ったビジネスの総称である。

インターネットは、米国防総省（United States Department of Defense）の国防高等研究計画局（Defense Advanced Research Project Agency：DARPA）により構築されたARPANet（Advanced Research Projects Agency Network）が起源であるといわれている。ARPANetは分散型コンピュータネットワークの研究プロジェクトとして開始され、1986年以降、学術機関を結ぶネットワークであるNSFnetにその技術が引き継がれた。これを契機に、１９９０年代中頃以降に商用化が本格化し、現在のインターネットに発展していった。

インターネットは世界の至るところに散在するコンピュータを相互に接続しサービスを提供していることから、分散型のネットワークであるといわれている。技術的にはＴＣＰ／ＩＰといった機種に依存しない標準化されたプロトコルを利用している。インターネット上で提供される主なサービスやアプリケーションは、ＷＷＷ（World Wide Web）検索・閲覧、電子メール、ＦＴＰ（File Transfer Protocol：ファイル転送プロトコル）などである。

それでは、インターネット・ビジネスとはどのように定義できるであろうか。インターネット・ビジネスとは、「インターネットなどのネットワークを利用した契約や決済などの取引行為で、ネットワークの種類や取引の内容を限定しない形態」を意味し、インターネットを使った全てのビジネスと考えられる。インターネット・ビジネスは、ネットビジネスと略されることもある。インターネット・ビジネスを大別すると、以下のように分類できる。

（１）コンテンツ型ビジネス
（２）広告主導型ビジネス
（３）電子商取引（Electronic commerce：ＥＣ／Ｅコマース）

①企業間取引（Business to Business：B to B）

　企業者間で取引されるインターネット・ビジネスの形態

②企業・消費者間取引（Business to Consumer：B to C）

　企業と消費者との間で取引されるインターネット・ビジネスの形態

③消費者間取引（Consumer to Consumer：C to C）

　消費者間で取引されるインターネット・ビジネスの形態

なお、（3）のEコマースについては、①から③の基本型の他に「B to B to C」や「B to C to C」型のモデルもバリエーションとして存在する。

まず、コンテンツ型ビジネスであるが、このタイプのビジネスはインターネットの接続料金がまだ定額制でなかった時代に繁栄したビジネスで、インターネットのプロバイダー各社が接続料金で収益を上げるために、ユーザーを惹き付けるコンテンツ作りに力を注ぎ競い合った。その結果、インターネット上で音楽やゲーム、アニメーション、映画など数多くのコンテンツを提供することでアクセス数を伸ばすビジネスモデルが生まれた。これがコンテンツ型ビジネスである。

このビジネスは、インターネット接続料金の定額制の導入とともに衰退していった。インターネットが著しく普及し瞬時に膨大な情報にアクセスが可能となるにつれて、多くのインターネット・ユーザーが積極的にポータルサイトへアクセスするようになった。アクセス数が多いポータルサイトは企業にとってのPR効果が高くなるため、多くの広告が集まり莫大な広告収入が得られる。これが広告主導型ビジネスである。

Eコマースにおける企業間取引は、WEBサイトなどを通じて売り手と買い手を結び付ける電子商取引市場(e-marketplace)で行われるオープンな取引を意味する。企業間取引には、特定企業間での固定された取引と、不特定多数の企業が電子商取引市場を通じて相手を探して行う取引とがある。経済産業省によると、2010年の企業間取引の市場規模(ここでは経済産業省が定義するインターネット技術を用いたコンピュータ・ネットワーク・システムを介して商取引が行われ、かつその成約金額が捕捉されるという狭義の企業間取引の市場規模を抽出)は169兆円であり、企業・消費者間取引の市場規模7・8兆円と比較すると、金額ベースで見た場合、電子商取引市場において圧倒的に企業間取引の占める割合が大きいことがわかる。

企業間取引に含まれる分野は、部品や原材料の調達、人材の仲介、オフィス用品やオフィス機器販売、物品販売、航空チケットなどの各種予約サービスなど多岐にわたる。近年では、特定業種に関して業界動向やニュースといったさまざまな情報に加え、その場で取引が行える電子商取引市場を提供するバーティカルポータル(vertical portal)といったWEBサイトや、インターネットを通じてビジネス用のアプリケーション・ソフトを提供するASP(Application Service Provider)

やＳａａＳ（Software as a Service）といった事業者やサービスが現れている。１９９９年に米国で設立されたセールスフォース・ドットコム（Salesforce.com, Inc）は、クラウド型のＣＲＭ（Customer Relationship Management：顧客関係管理）システムを提供し、ＳａａＳのベンダーとして最も成功している企業のひとつである。

企業・消費者間取引の代表的な例は、ＷＥＢサイトを通じて消費者に製品・サービスやデジタルコンテンツなどを販売するオンラインショップ（電子商店）である。このオンラインショップが多数集まった形態は、オンラインモール（電子商店街）と呼ばれている。企業・消費者間取引のその他の形態としては、インターネットを通じて株式など金融商品を売買するオンライントレード（online trade）やインターネット上で人材派遣や製品などの売買の仲介を行うサービスなどもある。企業・消費者間取引市場では、これまで数多くのベンチャー企業が参入してきたが、利益を上げるビジネスモデルを確立し継続して事業展開している企業は少ない。

インターネットだけではビジネスが難しいと考える事業者などは、インターネットとリアルの店舗や流通機構の両面からマーケティングを考えるクリック＆モルタル（click and mortar）戦略を採用し成功を収めるケースも近年では出ている。クリック＆モルタルの手法は、クリックを意味するインターネットとモルタルを意味する店舗のそれぞれの顧客接点を上手に活用し、両方の良さを組み合わせながらシナジー（synergy：相乗効果）を生み出すというものである。具体的には、インターネットにおける在庫検索サービスやインターネット上で受注した商品の受け渡しと支払いを現実店舗で行うサービスなどが挙げられる。クリック&モルタル手法を取る企業はマルチチャネル企業とも呼ばれ、リアルで店舗を構える企業がインターネットにも参入する形態で実行されるケースが多い。

消費者間取引では、インターネット上で消費者が直接取引を行うネットオークション(net auction)が代表的である。ネットオークションでは、eBayなどの独立系オークション事業者やヤフーなどの大手ポータルサイトが提供するオークションサイトを通して、消費者間で商品などが取引され、取引が成立すると決済や商品搬送などの必要が生じるため、企業・消費者間取引の要素も併せ持っている。

3・2▼インターネット・ビジネスを成功に導く要因

インターネット・ビジネスは、いわゆる集合知(collective intelligence)モデルである。情報をいかにWEBサイト上に集めるかが鍵となる。WEBサイトに掲載される情報量が多ければ多いほど、ページビュー(Page View：PV)が増加し多くのユーザーが獲得できる。しかし、そのためには幾つかの条件が必要である。これまでインターネット・ビジネスの世界で事業環境を一変させてきたドットコム企業を見れば、WEBサイトを成功に導くための共通した要因が浮かび上がってくる。ここでは、特にイノベーションの波を起こした事業者であるアップル、アマゾン、グーグルの3社を主に考察しながら、その要因を考えてみたい。

1つ目の要因として、企業が提供するオリジナル情報（専門家の知識）に加えてユーザーが作成した情報（ユーザーの経験知）を蓄積する仕組み作りを確立することで、情報量をできるだけ増やし顧客価値を高めることが挙げられる。WEBサイト上では、企業が専門家の知識を一方的に流す片方向の情報提供だけでは十分ではない。ユーザーが作成した情報、いわゆるユーザーの感想や意見などにより表出される経験知こそが新たなビジネス機会を創出するケースが多い。そのため、インタラクティブ（interactive：双方向）によるコミュニケーションの確立こそがインターネット・ビジネスにおいて極めて重要となる。

個々のユーザーが発信する情報が単独で価値を生み出す場合もあるが、個々の情報だけでは情報としての価値が高まらない場合もある。すなわち、個々の情報が集合知になれば、大量のデータの解析により潜在する項目毎の相関関係やパターンなどの知識を探し出すといったデータマイニング（data mining）が可能になるため、企業にとってさらに価値が高まるようになる。企業はこうした価値ある情報を専門知識に活かすことで、新たなビジネスの創出が可能となる。顧客にとって本当に価値があると思えるような商品やサービス、情報が提供できなければ、企業は安定した収益を恒常的に生み出せず存続できない。たとえば、UGC（User Generated Content）といったユーザー自らが作成するコンテンツを取り込める環境をWEBサイト上に整える仕組みを構築するのも、企業がユーザーから経験知を引き出すためのひとつの方法である。

こうした経験知をユーザーから引き出しながら、顧客志向（customer orientation）を常に実践し、顧客価値を高めるための仕組み作りを確立しつつあるのがアマゾンである。その一例が、アマゾンのカスタマーレビュー（customer reviews）である。詳細については第4章で述べるが、カスタマーレビューはアマゾンが考案したサービス機能で、商品に関する意見や感想を顧客がWEBサイト上で自由に公開できる場である。ある顧客により掲載されたレビューは、他の顧客が商品を購入する際の貴重な参考意見となる。このシステムは商品やサービスに対する顧客の意見や感想を顧客自身から吸い上げ、いわゆる経験知として他の顧客に公表することで顧客価値を高めるものである。顧客はこうした経験知を活用することで、初めての商品やサービスでも安心して購入できるようになるため、顧客にとっては価値の高い情報となる。

2つ目の要因として、アテンション・エコノミー（attention economy：関心・注目経済）を具現化し顧客価値を高めることが挙げられる。アテンション・エコノミーはマイケル・ゴールドハーバー（Michael H. Goldhaber）により提唱された概念である。今日では、インターネットなどさまざまな情報インフラの普及により情報供給過多の世界が作り出されたが、人々の関心や注目は有限であるため、そうした関心や注目を喚起することこそが経済活動の中で重要な役割を占める。インターネット・ビジネスの世界では、あらゆる機会を通じて顧客とのコンタクトポイントを増やし情報をインデックス化し整理することで、WEBサイトとしての注目度を高められるため、こうした機能を増やす仕組み作りをすることが大切である。注目度が上がれば、必然的に検索ポータルでもヒットし易くなりビジネスに結び付くからである。

特に、消費者の関心や注目が生み出された際に、消費者が望む目的地に迅速に誘導してくれる仕組み作りを着実に進めてきたのがグーグルである。グーグルは世界で無限に氾濫し続ける情報をインデックス化し整理しながら、顧客の関心や注目に従って必要な情報だけを取り出せるような検索機能と広告によるビジネスモデルを確立した。グーグルは顧客を目的地になるべく早く到達させる一方で、検索結果のサイトに広告を表示しながら、関連付けにより顧客の関心や注目を上手く促すことに成功している。

3つ目の要因として、ネットワークの外部性（network externality/network effect）を活用することが挙げられる。インターネット・ビジネスを行う上で、企業が複数のユーザー・グループを結び付けるプラットフォームを構築するケースが見受けられる（two-sided market：市場の二面性／two-sided network：ネットワークの二面性）。たとえば、異なる2種類のユーザー・グループが存在する場合、それぞれのユーザー・グループを相互に引き付け合う現象はネットワークの外部性と呼ばれ、一方のユーザー・グループのプラットフォームの価値は、もう一方のユーザー・グループの数により決定される。この際、プラットフォームの価値は両方のユーザー・グループのニーズが満たされる度合いにより変化する。つまり、ニーズが満たされる度合いが大きければ大きいほど、プラットフォームの価値は高まる。このような財は、ツー・サイド・プラットフォームと呼ばれる。ネットワークの外部性が働く市場では、収穫逓増の法則（law of increasing returns）があてはまるため、ユーザー数が増えれば増えるほど利益も拡大する。また、ユーザーはネットワークの規模が大きくなるほど、多くの対価を支払うようになる。イノベーションをもたらした商品やサービスで、こうした仕組み作りを構築している例は多い。たとえば、グーグルのWEB検索エンジンは検索者と広告主の2つのユーザー・グループを結び付けるプラットフォームであり、また、アップルのアイチューンズ（iTunes）は消費者とコンテンツ・プロバイダー（content provider）の2つのユーザー・グループを結び付けるプラットフォームである。このように、プラットフォーム上でネットワークの外部性が働くような仕組み作りを構築することが顧客獲得において重要となる。すなわち、収益の見込める市場で顧客価値を高めるために、ネットワークの外部性が働くプラットフォームを競合他社に先駆け構築することが、インターネット・ビジネス市場で持続的な成功を収める鍵となる。

4つ目の要因として、顧客によるコミュニティ（community）の形成が挙げられる。コミュニティの形成は、近年、インターネット市場に現れ発達してきたブログやソーシャル・メディアなど、新たなオンラインビジネスにより顕在化してきた要因である。高度情報化社会において、人々はさまざまなメディアにより膨大な情報の受信が可能となったが、その一方で、ただ単に情報を受信するだけでなく、自ら情報を発信し自分の思いや考えを伝えたいというインタラクティブなコミュニケーションを望むようになってきた。そうしたインタラクティブなコミュニケーションが顧客同士で行える場を提供しコミュニケーションが取り易い仕組み作りをすれば、顧客は容易にコミュニティ化する。なぜなら、誰もがどこかに所属したいという潜在的に人間に備わる欲求が存在するからである。ひとたびコミュニティができあがれば、コミュニティの性質に合わせた商品やサービスを顧客に販売することが可能となり、関連広告なども載せることができるようになる。このように、インタラクティブなコミュニケーションの場を提供することで顧客を囲い込み、顧客同士を強固な絆で結び付けるコミュニティを形成することは、顧客価値を創出する上で重要な要因のひとつであると考えられる。

身近に存在するネットワークの外部性

ネットワークの外部性と呼ばれる性質が働く市場は、身近な生活の中に多く存在する。携帯電話や固定電話、電子メール、チャット、PC、CD、DVDなどである。たとえば、携帯電話サービスの場合、もし世界中で携帯電話サービスの加入者が1人しかいなかったら、通話する目的で考えると、そのサービスは無価値に等しい。しかし、加入者が徐々に増え、やがて多くの人が加入すれば、携帯電話で世の中の実に多くの人と通話できるという利用価値が生まれる。つまり、携帯電話サービスの加入者が増えれば増えるほど、加入者の便益が向上し、利用価値は高まる。こうした状況になれば、逆に加入しないこと自体が不便になるため、加入しないわけにはいかなくなる。ここでは携帯電話が持つ性能そのものとは関係なく、加入者の数により加入者の価値が変化することから、このような効果はネットワークの外部性と呼ばれる。

ネットワークの外部性には、直接的効果と間接的効果の2つがある。携帯電話サービスのケースに見られるように、加入者数やマーケットシェアといったネットワークのサイズが直接的に便益を増大させるような効果を直接的効果と呼ぶ。携帯電話サービスの他に、直接的効果が見られる典型的なサービスは、固定電話や電子メール、チャットなどである。

一方、間接的効果はどのようなサービスに見られるか。よく用いられる例に、PC向けのソフトウェアのケースがある。現状では、ウィンドウズの方がマッキントッシュ(Macintosh)よりも数量的には普及していることから、ソフトウェア・ベンダーは、マッキントッシュよりもウィンドウズ向けの製品を優先的に販売することを考えるため、市場にはウィンドウズ向けソフトウェアが多く提供されるようになる。したがって、豊富で選択肢の多いソフトウェアを持つウィンドウズPCの方が便益が高いため、ユーザーは、プラットフォームとしてウィンドウズを選択することになる。このように、ハードのユーザー数の増大が、補完財としてのソフトの多様性などを促進させることにより、間接的に財自体の便益を増大させるような効果を間接的効果と呼ぶ。この例の他に、間接的効果が見られる典型的なサービスは、PCやCD、DVD、ビデオなどが挙げられる。

ツー・サイド・プラットフォームにおけるプライシングの重要性

ツー・サイド・プラットフォームにおいて、ビジネスモデルを構築する上で考慮すべき重要な要素のひとつにプライシング（pricing：価格決定）がある。2つのユーザー・グループを結び付けるプラットフォームが存在する場合、プラットフォーム事業者は2種類のユーザー・グループから収入が得られるため、それぞれのユーザー・グループで異なるプライシングをする必要がある。

たとえば、一方のユーザー・グループのユーザーが増加する際、もう一方のユーザー・グループのユーザーに大きな価値が生じる場合、前者がプライシング面で「優遇される側」となり、後者は「課金される側」となる。「優遇される側」は価格志向が強いといった特徴を持つため、「優遇される側」の価格を低めに設定すれば、「優遇される側」のユーザーを確保することが可能となり、その数がクリティカル・マス(critical mass)を超えれば、「課金される側」のユーザーは高い対価を支払ってでも、そのプラットフォームを利用するようになる(サイド間ネットワーク効果：cross-side network effects)。よって、「課金される側」には高めのプライシングの採用が可能となる。

このように、プライシングをする際には、購買意思やユーザーの増加率を考慮する必要がある。大きなネットワーク効果を生み出し魅力的なプラットフォームを構築できるか否かは、的確なプライシングにかかっている。

4 インターネット・ビジネスの現況

4・1 ライフスタイルとインターネット・ビジネス

2010年のEコマースの市場規模を見てみると、企業間取引が対前年比28・6％増の168兆5170億円で(図表1－7)、企業・消費者間取引が同16・3％増の7兆7880億円となっており(図表1－8)、企業間取引がEコマースの市場全体の約96％を占めている。企業間

図表1-7 ► 企業者間取引の市場規模推移(2010年)

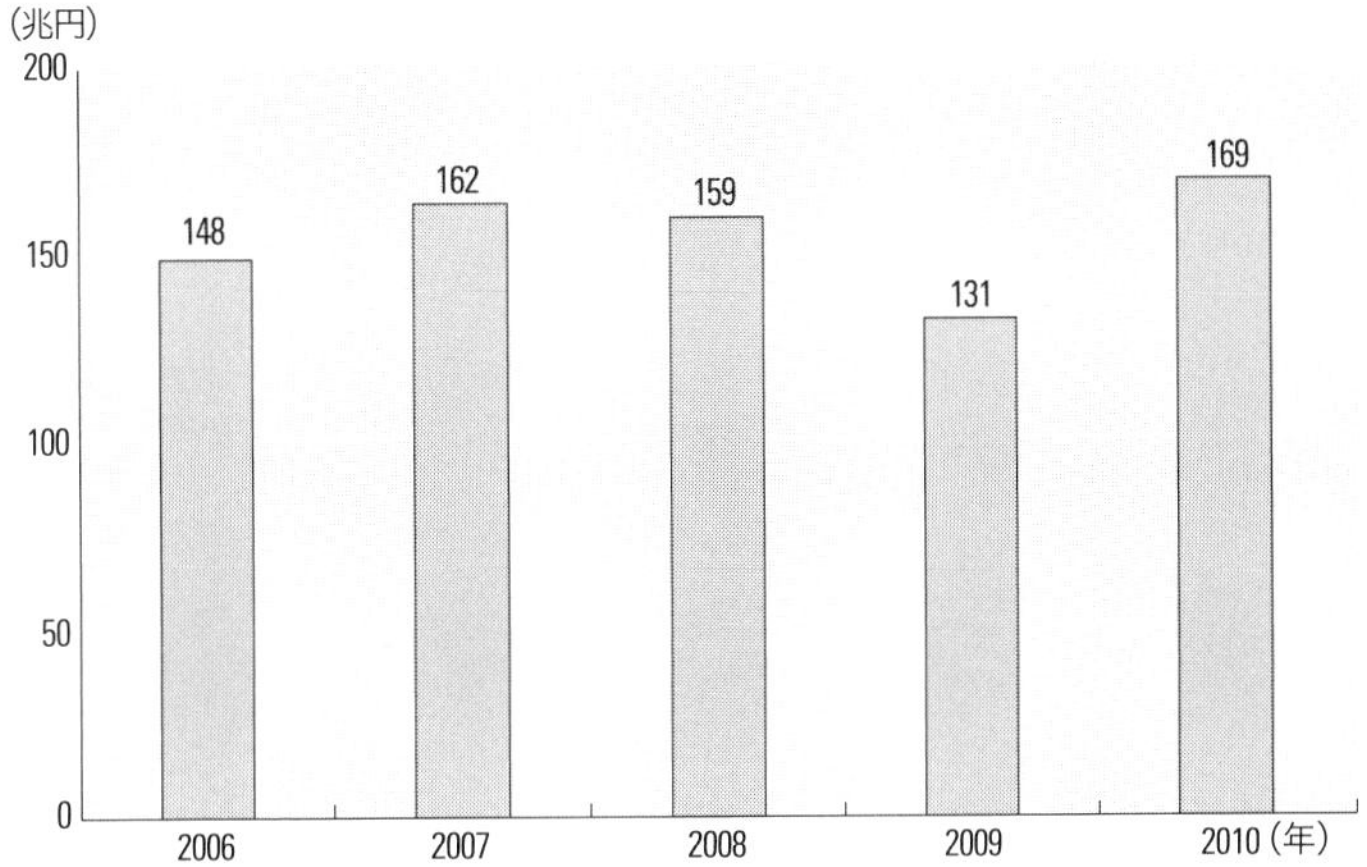

出典：経済産業省「『平成22年度我が国情報経済社会における基盤整備』(電子商取引に関する市場調査)の結果公表について」(平成23年6月)

図表1-8 ► 企業・消費者間取引の市場規模推移(2010年)

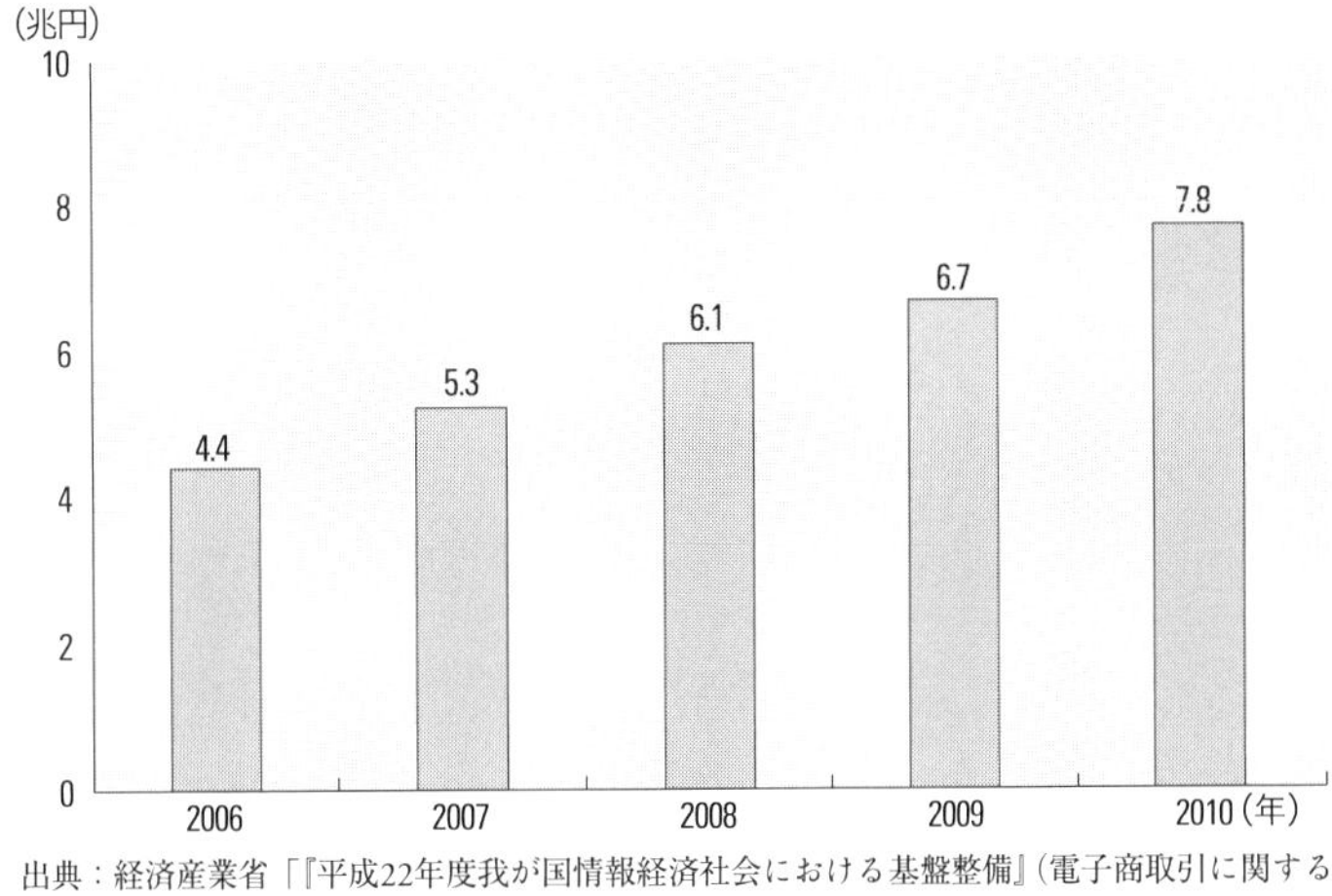

出典：経済産業省「『平成22年度我が国情報経済社会における基盤整備』(電子商取引に関する市場調査)の結果公表について」(平成23年6月)

図表1-9▶企業間取引のセグメント別構成比(2010年)

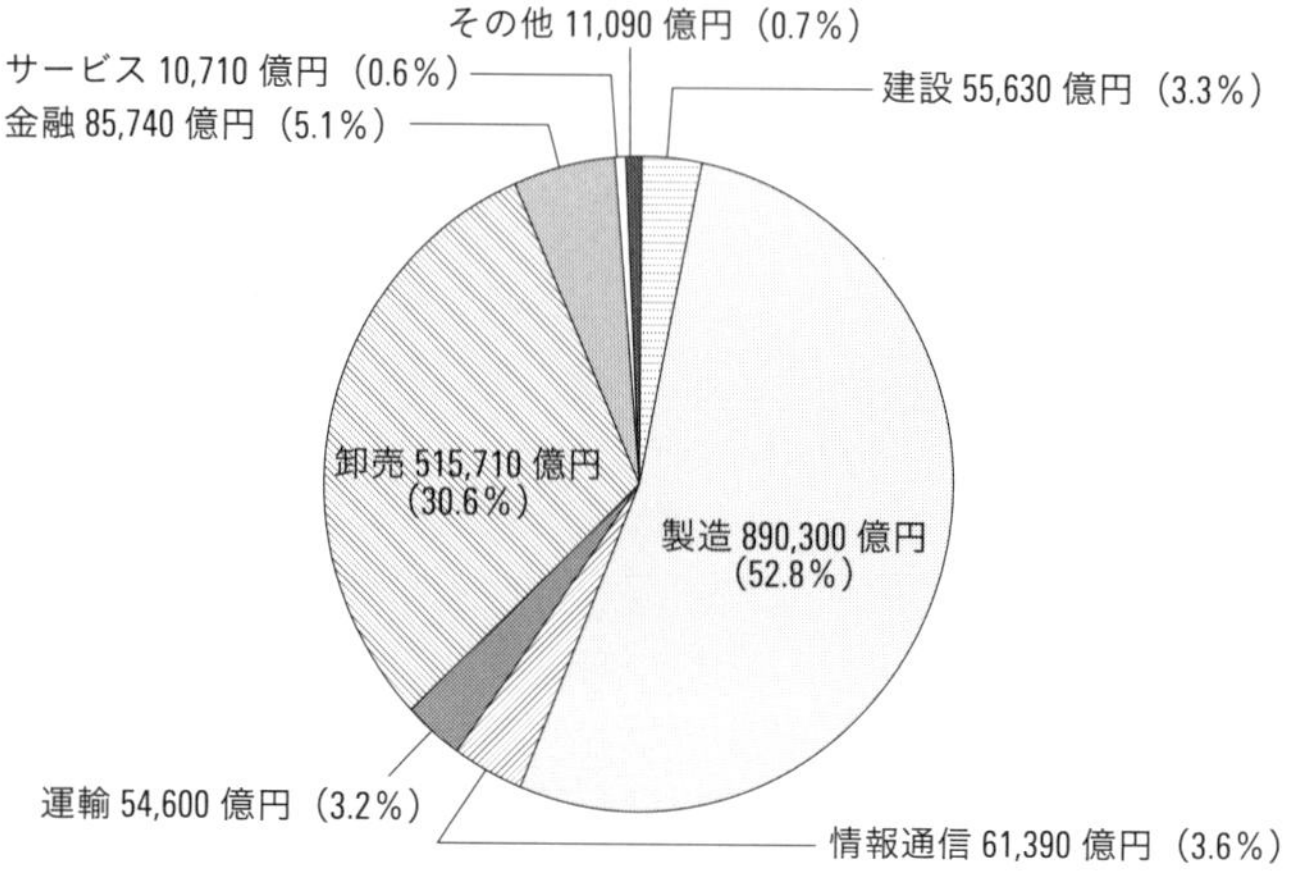

出典:経済産業省「『平成22年度我が国情報経済社会における基盤整備』(電子商取引に関する市場調査)の結果公表について」(平成23年6月)

取引は経済情勢を反映し、2009年以前の過去2年間は連続して前年を下回ったが、2010年は上昇に転じている。その一方で、企業・消費者間取引は順調に成長し続けている。近年、消費者は外出を控え家庭で余暇を楽しむ節約志向のライフスタイルを取る傾向にあり、これが企業・消費者間取引の成長を後押ししている。こうしたライフスタイルは巣ごもり消費と呼ばれている。これまで、消費者は最寄りのスーパーやショッピングセンターで生活用品を購入していたが、近年は、家庭からショッピングモールもしくはネットスーパーにアクセスし、少しでも安い価格で生活用品を購入し家庭の出費を抑えるといった消費者が増えつつある。

図表1-9および図表1-10は、企業間取

図表1-10►企業・消費者間取引のセグメント別構成比(2010年)

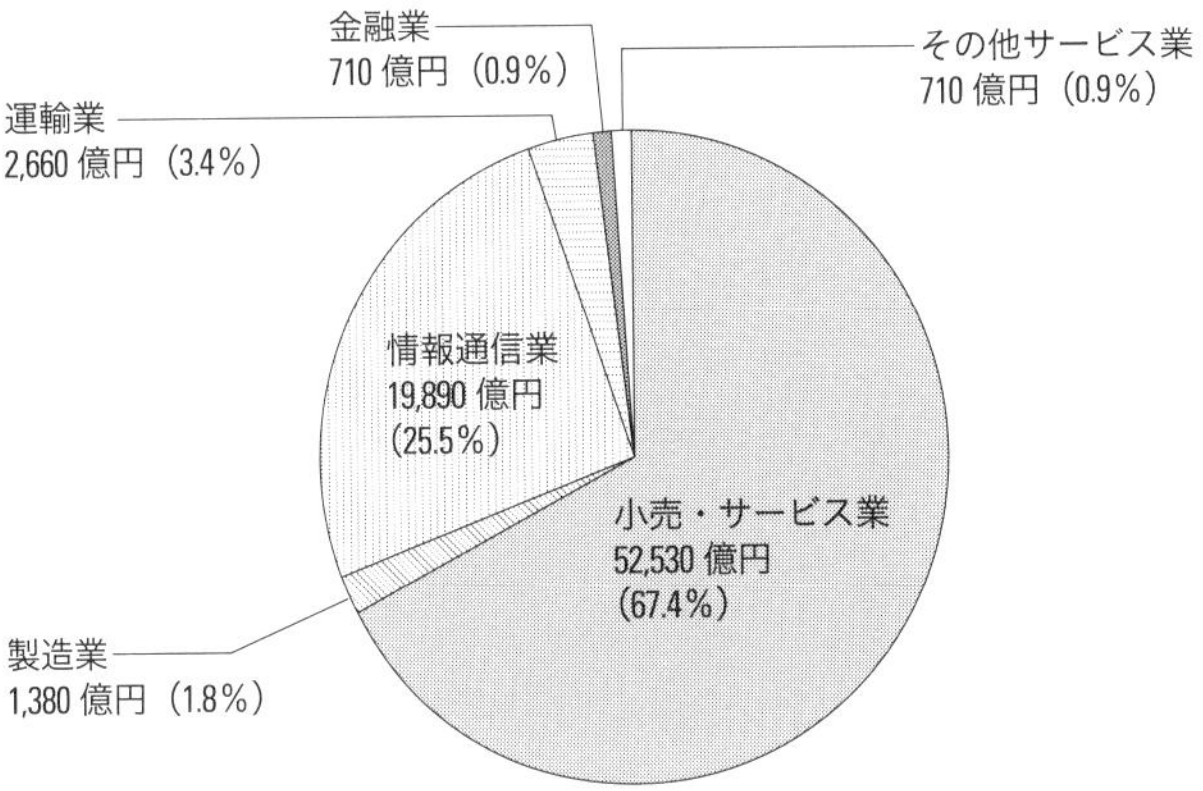

出典：経済産業省「『平成22年度我が国情報経済社会における基盤整備』(電子商取引に関する市場調査)の結果公表について」(平成23年6月)

引および企業・消費者間取引のセグメント別構成比である。特に企業・消費者間取引のセグメント別構成比を見てみると、小売・サービス業が全体の6割強を占めている。小売・サービス業の2010年のEコマース化率は2・46％となっており、2009年の2・08％から0・38ポイント上昇している。ちなみに、企業間取引の2010年のEコマース化率は15・6％であり、こちらも対前年で1・9ポイント上昇している。

図表1－11は、2011年3月の米国オンライン市場におけるユニークユーザー(unique users：特定期間内にWEBサイトを訪れたユニーク数で複数回訪問した人も1人と数える)数のトップ50を示している。ヤフーやAOL、マイクロソフトなどのポータル系サイトが依然として強くトップ10の上位を占めている。グーグルは2010年11月にヤフー

図表1-11 ▶ 米国オンライン市場月間(2011年3月) ユニークユーザートップ50

(単位：千ユーザー)

ランク	サービス	ユニークユーザー数	ランク	サービス	ユニークユーザー数
1	Yahoo!! Sites	179,525	26	Weather Channel, The	38,676
2	Google Sites	176,847	27	Federated Media Publishing	37,731
3	Microsoft Sites	176,411	28	Adobe Sites	37,186
4	FACEBOOK.COM	152,968	29	Tribune Interactive	34,880
5	AOL, Inc.	118,194	30	Superpages.com Network	34,743
6	Turner Digital	99,839	31	YellowBook, Network	34,504
7	Ask Network	98,560	32	LINKEDIN.COM	32,079
8	Amazon Sites	91,614	33	Wal-Mart	31,734
9	CBS Interactive	87,408	34	Break Media Network	31,349
10	Glam Media	87,072	35	iVillage.com: The Womens Network	30,847
11	Viacom Digital	80,899	36	AT&T Interactive Network	29,116
12	Demand Media	76,542	37	YELP.COM	28,716
13	Wikimedia Foundation Sites	72,719	38	WeatherBug Property	28,703
14	Apple Inc.	70,648	39	NBC Universal	27,765
15	New York Times Digital	70,401	40	WordPress	27,633
16	eBay	61,115	41	FOXNEWS.COM	27,019
17	Answers.com Sites	58,856	42	NETFLIX.COM	26,766
18	VEVO	57,088	43	Everyday Health	26,749
19	Fox Interactive Media	55,901	44	Scripps Networks Interactive Inc.	26,330
20	craigslist, inc.	50,857	45	Disney Online	25,808
21	Comcast Corporation	48,756	46	Expedia Inc	25,653
22	ESPN	43,147	47	TWITTER.COM	25,590
23	Technorati Media	42,882	48	The Washington Post Company	25,369
24	NetShelter Technology Media	42,360	49	Time Warner (Excl. Turner/WB)	24,861
25	Gannet Sites	41,970	50	BUZZMEDIA	24,767

出典：comScore, Inc. Press Release "comScore Media Metrix Top 50 U.S. Web Properties for March 2011" April 22, 2011 (http://www.comscore.com/Press_Events/Press_Releases/2011/4/comScore_Media_Matrix_Ranks_Top_50_U.S._Web_Properties_for_March_2011)

図表1-12►日本における利用者数40万人以上のクーポン共同購入サイト(2010年11月)

サービス	利用者数（単位：千人）	1人当たり訪問回数	1人当たり利用時間	1人当たりページビュー数
ポンパレ (ponpare.jp)	5,900	5.8	0：07：53	19
GROUPON (groupon.jp)	5,595	5.6	0：05：28	14
Piku (piku.jp)	1,648	3.6	0：02：56	8
グルピ (grpi.jp)	988	6.4	0：01：30	8
品々プレミアムモール (snjn.jp)	912	2.5	0：02：14	5
くまポン (kumapon.jp)	811	4.5	0：06：10	16
Qpon (qpon.jp)	559	3.0	0：02：19	7
TOKUPO (tokupo,jp)	476	2.8	0：04：04	9
KAUPON (kaupon.jp)	406	2.3	0：03：05	8

出典：ネットレイティングス・アナリスト中村義哉「グルーポン系サイトポンパレとGROUPONの2強へ」(ネットレイティングス株式会社・Nielsen Online REPORTER 2011年1月18日号) (http://www.netratinges.jp/hot_otf/archives/NNR01182011.htm)

に首位の座を奪われて以来、半年近く2位に甘んじている。メディア系サイトも多くのユニークユーザーを集めており、Turner DigitalやAsk Network、CBS Interactive、Glam Mediaなど4社がトップ10入りしている。コミュニティ系サイトではフェイスブックが堅調で、直近の半年では、概ね1億5000万のユニークユーザーを維持している。

一方、日本では、最近ポンパレ (Ponpare.jp) やグルーポン (Groupon.jp) などのクーポン共同購入サイトへのアクセス数が増加している。クーポン共同購入サイトとは、レストランやエステの利用券などと交換できるクーポン券をネット上で販売するサイトで、購入者が一定の人数に達すると通常より割安で購入が可能となる。グルーポン (Groupon) は2008年11月に米国シカゴでアンドリュー・メイソン（Andrew Mason）により設立されたベンチャーで、2010年10月には日本法人を立ち上げている。

日本では、2010年11月のクーポン共同購入サイトの月間アクセス数でポンパレとグルーポンが550万人超の利用者を集めており、3位のピク（Piku.jp）と比較すると約3倍のアクセス数となっている（図表1－12）。ポンパレも2010年7月にサイトを立ち上げていることから、わずかな期間で両社がこれだけのアクセス数に到達したのはまさに驚異的である。

クーポン共同購入サイトは、グルメやレジャーなどのチケットを概ね1日から3日という短期間で、一定数以上購入希望者が集まった場合のみ購入できるというサービスの性質上、チケットを格安で購入するためには短期間のうちに購入希望者を募らなければならない。そのため、ツイッターのようなリアルタイム性や伝播性を有するサイトやフェイスブックのようなソーシャルグラフ（人間の相関関係）性の高いサイトの手助けが必要となる。このように、クーポン共同購入サイトは近年急成長しているソーシャル・メディアの恩恵を受けてビジネスが成り立っていることから、ソーシャル・メディア依存型コマースと位置付けることもできる。

4・2▼メディア融合によるインターネット・ビジネス

現代社会では、テレビや新聞、雑誌、ラジオなど従来のマスメディア（mass media）に加え、インターネットでもさまざまな情報を入手するのが可能となった。とりわけ既存メディアで発信した情報がＷＥＢサイトでも取得できるようになったため、既存メディアのビジネスが継続できないという状況に陥る現象が起きている。特に、米国ではインターネットの発達により新聞社が相次いで倒産し社会問題にもなっている。

こうした動きを背景に、最近ではテレビ局がインターネットに対する基本スタンスを敵対関係から共存関係へとシフトする動きが見られる。その動きとは、すなわち、テレビ局によるインターネット・ビジネスへの参入である。

日本でインターネットにいち早く参入したテレビ局は日本テレビであった。２００５年10月、日本テレビは動画配信サイトである第２日本テレビ（http://www.dai2ntv.jp/）を立ち上げ、ビデオ・オン・デマンド（Video On Demand：ＶＯＤ）などによる動画配信を始めている。その後、２００８年11月にはフジテレビがフジテレビ On Demand（http://fod.fujitv.co.jp/s/）、12月にはＮＨＫがＮＨＫオンデマンド（http://www.nhk.or.jp/nhk-ondemand/）、２００９年４月にはＴＢＳがＴＢＳオンデマンド（http://tod.tbs.co.jp/）、６月にはテレビ朝日がテレ朝動画（http://www.tv-asahi.co.jp/douga/）といった動画配信サイトをそれぞれ立ち上げている。ＶＯＤによる動画配信サービスの提供において、見逃し視聴サービスといった従来のテレビ放送では取り扱えなかったサービスがインターネットにより可能になったため、テレビ局に新たな収益源をもたらした。実際、ＴＢＳオンデマンドは２００９年に通期での黒字化をいち早く達成している。このＴＢＳのケースのように、見逃し視聴を有料化し自前でサーバーを持たないなど設備負担を軽減することで固定費を下げ利益を上げるといったビジネスモデルを確立すれば、十分黒字化が見込まれる。既存の豊富なコンテンツを所有するテレビ局が、インターネット市場でプラットフォームを持たずコンテンツ・メーカーに徹しながら、今後も継続して魅力あるコンテンツを制作できれば、インターネット・ビジネスでの持続的な成功が可能となるであろう。

一方、米国では日本と異なるビジネスモデルが採用されている。たとえば、米国の動画配信サイトであるフールー（Hulu, LLC）はテレビ番組などを無料で配信している。フールーには大手テレビ局を傘下に持つＮＢＣユニバーサル（NBCUniversal Media, LLC）、ニューズ・コーポレーション（News Corporation）傘下のフォックス（Fox Entertainment Group, Inc.）、ディズニー（The Walt Disney Company）傘下のディズニー・ＡＢＣグループ（Disney-ABC Television Group）が出資しているため、ドラマや映画、アニメーションなどコンテンツは豊富で充実している。フールーは視聴者に無料で動画を配信する一方で、番組と一緒に広告を流して収入を得るビジネスモデルを採用している。

4・3▼ロングテール・ビジネス

企業が収益化を図る上で、まず考えるのは効率性である。人気商品や売れ筋商品を多数取り揃え、そうでない商品を店頭から外せば効率性は高まる。人気商品や売れ筋商品を扱う方が商売になる、すなわち収益が上がるからである。品数を増やせば在庫品が増えそれを収納する倉庫も必要になるため、企業のコスト負担は大きくなる。こうした状況を回避するため、企業は人気商品や売れ筋商品に商売を傾注するわけだが、それ以外のあまり売れない商品も多少ではあるが需要があることから、在庫などのコスト負担を売れ筋商品よりも下げることができれば、収益性の観点から企業は取り扱うようになる。

クリス・アンダーソン(Chris Anderson)は、こうした人気商品や売れ筋商品をヘッド(head)、あまり売れない商品をテール(tail)と呼び、ロングテール(The Long Tail)理論を展開した(図表1－13)。アンダーソンは自著の『ロングテール』の中で、ロングテール理論を「文化と経済が需要曲線のヘッドにある比較的少数のヒット(主流派の製品や市場)に焦点を合わせるのをやめ、テールにある無数のニッチへ移行する」と定義している。経済学では、一部の要素が全体の数値の大部分を占めることが経験的に知られている。これはパレートの法則(pareto principle)と呼ばれているが、たとえば、この法則を店舗型小売業者にあてはめてみると、商品の上位20％が売上全体の80％

図表1-13▶ロングテールとヘッド

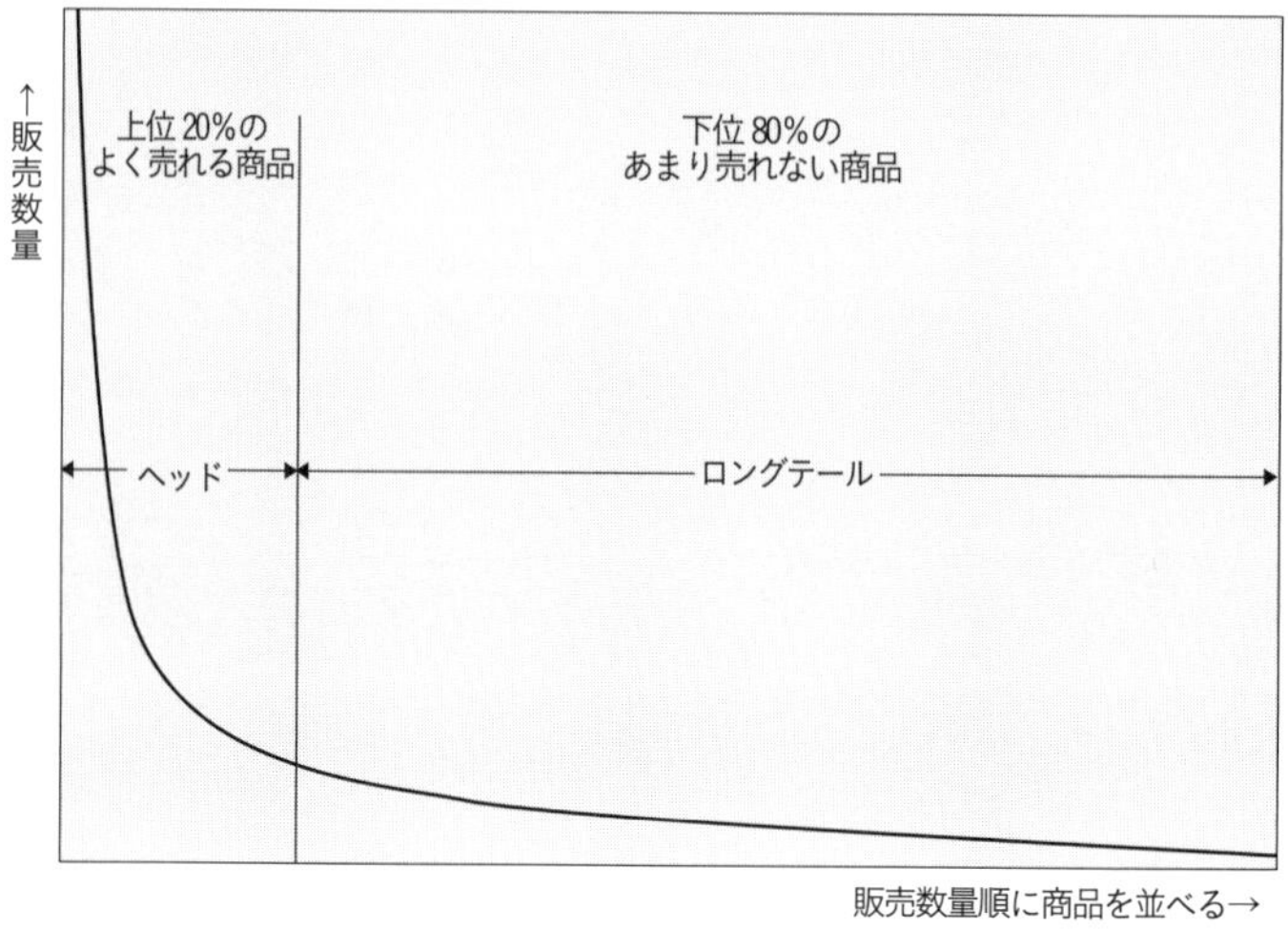

出典：クリス・アンダーソン著、篠森ゆりこ訳 『ロングテール——「売れない商品」を宝の山に変える戦略』（早川書房、2009年）

を占めるというような現象が一般的には知られている。この現象に対して、アンダーソンは「架空の話」と前置きしながら、「ロングテール小売業者の場合、売れない90％の商品が売上全体の25％を占め利益全体では33％を占める」と指摘している。これはロングテールの真のすごさが規模にあることを示すものであり、売れない商品を集めれば、売れる商品に匹敵する市場が作れることを意味している。

こうしたロングテール現象はインターネットが発達する以前からリアルでも散見されたが、特にインターネット・ビジネスにより顕在化した。インターネットはリアルよりもコスト負担の軽減が可能な効率的なビジネスを展開できるため、ロングテールのようなニッチ商品の販売に親和性は高いといえる。このことは、アマゾンやグーグルのように、これまでにロングテールを利用して成功したインターネット・ビジネスを見れば理解できる。リアルで日の目を見なかったニッチ商品に光をあて販売することこそインターネット・ビジネスの成長を促すものであり、ロングテールの発掘は潜在需要を引き出すという意味で市場の拡大につながるといえる。

第2章

戦略と分析手法の考え方

アップル、アマゾン、グーグルの3社は、競合他社が真似できない核となる能力、すなわちコア・コンピタンス（core competence）を確立し競争優位を築くことに成功しているが、いかにして3社がそれを成し遂げることができたのか。それは、3社がビジネスモデルを有効に機能させ、並はずれて巧みなイノベーションを実現することができたからである。経営戦略やイノベーション、ビジネスモデルの考え方は、3社の分析を試みる上で重要なアプローチとなる。ここではまず、競争優位とイノベーションの考え方を示した上で、ビジネスモデルを有効に機能するための要件を明確にし、iPhoneのビジネスモデルの実証的な考察を試みることで、競争優位の源泉を検証してみたい。

1 経営戦略と競争優位の考え方

1・1 経営戦略

経営戦略(management strategy)をどのように定義するかについては、これまで多くの異論や異説が存在するが、端的にいえば、経営戦略とは「企業が目指す将来像や目標に向かって、持続的な競争優位を確立するための基本的な考え方」である。経営戦略は、企業戦略もしくは全社戦略(corporate strategy)と事業戦略(business strategy)の2つに分けられ、両者は密接に関連している。企業がどの事業領域に進出して競合他社と競い合うのか、また、どのような事業を組み合わせて自社の経営資源(resource)を配分するのかを決定するのが企業戦略であるのに対し、事業戦略は個々の事業単位の戦略を意味する。両者の間には、経営理念の下に企業戦略が策定され、それが個々の事業戦略に分解され落し込まれていくプロセスと、逆に個々の事業戦略を踏まえることにより新たな企業戦略の可能性が広がるプロセスとがあるため、両者は双方向に作用し密接に関連し合う関係にある。こうしたプロセスの繰り返しにより、企業の経営戦略ができ上がっていく。

1・2 ▾経営戦略論と競争優位

それでは、企業の競争優位はどのようにして生まれるのであろうか。マイケル・E・ポーター（Michael Eugene Porter）は自らが唱える競争戦略論（competitive strategy）の中で、企業が外部に向かって取るポジショニング（positioning）を重視し、そのポジショニングが競争優位を作ると主張する。一方、ジェイ・B・バーニー（Jay B. Barney）は、自己が唱える資源ベース理論（Resource-Based View：RBV）の中で、企業内部に存在する経営資源の重要性を指摘し、その経営資源が競争優位を作ると主張している。現在では、この2つの考え方が経営戦略論（strategic management）の2大潮流となっている。これら2つの理論は、必ずしも対立し合うものではなく、それぞれが経営戦略の半面を示すものであり、そういった意味ではむしろ両者は補完し合う関係にある。

ポーターが提唱する競争戦略論では、企業の競争優位は、企業が業界内で競争を回避できる有利なポジショニングを発見し競合他社の参入を阻止し、いかに有利なポジショニングを取ることができるかで決まるとされている。その際、競合他社に打ち勝ち競争優位を築くためには、3つの基本戦略、すなわち、コストリーダーシップ戦略（cost leadership strategy）、差別化戦略（differentiation strategy/product differentiation）、集中戦略（focus strategy）が必要であるとしている。ポーターは、これら3つの基本戦略を上手く実行するためには、それぞれ異なる組織や経営資源が必要であることから、どれかひとつの戦略に注力すべきであるとしている。

コストリーダーシップ戦略は、競合他社よりも低いコストを実現することで、競争優位を確立する戦略である。低コストを実現する方法には、生産量を増加することで単位当たりの固定費を低減させるといった規模の経済（economies of scale）の追求や、経験の蓄積から効率性が増すといった経験曲線（experience curve）の考えによる効率化の追求が挙げられる。低コストの実現が可能になれば、競合他社と同等の販売価格でも高い利益率を確保することができ、また、販売価格を下げることで高いマーケットシェアを目指すこともできるため、経営戦略上の自由度が増すことになる。

差別化戦略は、自社の製品・サービスを差別化し、その製品・サービスを顧客に競合他社とは違う特異な存在として認知してもらうことで、競争優位を確立する戦略である。差別化の源泉としては、製品・サービスの性能やデザイン、独自技術、ブランドイメージ、顧客サービス、販売チャネル等が挙げられるが、競合他社が容易に模倣できないものであること、また、顧客に価値として認識されるものであることが必要である。そうした意味で、差別化戦略は顧客に独自の価値を提供するため通常より企業のコスト負担が大きくなり、また、その特異性から一部の顧客層からの支持や信頼が獲得できても大衆の支持が得られないといったリスクが存在する。

集中戦略は、特定の顧客層や商品、地域など特定の分野にターゲットを絞り経営資源を集中しながら、低コスト（コスト集中）や差別化（差別化集中）あるいは両方を実現することで、競争優位を築く戦略である。ターゲットを絞り込むことで競合他社よりもより効率かつ効果的に戦える点から、集中戦略は業界シェア下位の企業が業界のリーダー企業に対抗するために採用される戦略である。

一方バーニーは、自著の『企業戦略論――競争優位の構築と持続（上）』（岡田正大訳、ダイヤモンド社、2003年）の中で「企業ごとに異質で、複数に多額の費用がかかるリソース（経営資源）に着目する。そして、こうした経営資源を活用することによって、企業は競争優位が獲得できる」と述べている。つまり、企業が競争優位を獲得できるのは、企業が内部に保有する優れた経営資源であり、それは決して外部の市場から調達できるものではない。なぜなら、そうした経営資源が競合他社でも調達できるのであれば、模倣によりたちまち競争優位を失うからである。企業内部に蓄積された価値や希少性の高い経営資源こそが競争優位を生み出す源泉になるとバーニーは説いている。さらに、バーニーは競争優位を生み出す一般的な経営資源として、財務資本、物的資本、人的資本、組織資本の4つを挙げ、こうした経営資源が持続的な競争優位をもたらすためには、VRIOと呼ばれる4つの条件、すなわち、経済価値（Value）、希少性（Rarity）、模倣困難性（Inimitability）、組織（Organization）が必要であるとしている。企業が内部に持つ経営資源に対して発すべき以下の4つの問いはVRIOフレームワーク（VRIO framework）と呼ばれる（バーニー、前掲書）。

①経済価値（Value）に関する問い
その企業の保有する経営資源やケイパビリティは、その企業が外部環境における脅威や機会に適応することを可能にするか

②希少性（Rarity）に関する問い
その経営資源を現在コントロールしているのは、ごく少数の競合企業だろうか

③模倣困難性（Inimitability）に関する問い
その経営資源を保有していない企業は、その経営資源を獲得あるいは開発する際にコスト上の不利に直面するだろうか

④組織（Organization）に関する問い
企業が保有する、価値があり希少で模倣コストの大きい経営資源を活用するために、組織的な方針や手続きが整っているだろうか

VRIOフレームワークに基づいて、当該経営資源が、価値があり、かつ希少性があり、さらに模倣コストも大きい場合には、そのような経営資源は持続的競争優位を生み出す源泉になり得るが、そうした経営資源を最大限に活用するような組織の構築に失敗した場合には、経営資源により生まれる利益の一部が消失するとバーニーは説いている。

2 イノベーションの考え方

2・1 イノベーションの定義

イノベーション（innovation）は、ヨーゼフ・アーロイス・シュンペーター（Joseph Alois Schumpeter）をはじめ、これまで多くの学者や研究者が定義し研究してきたが、イノベーションの種類を明確に定義し、イノベーションのプロセスを解明することで戦略としてのイノベーションを活用し易くしたという点で、クレイトン・M・クリステンセン（Clayton M. Christensen）の考え方が、戦略を考える上で重要なアプローチとなる。クリステンセンは、イノベーションを持続的イノベーション（sustaining innovation）と破壊的イノベーション（disruptive innovation）の2つに大別し、それぞれのイノベーションのプロセスを明らかにしている。

2・2 ▾持続的イノベーション

クリステンセンによれば、持続的イノベーションは、既存企業が持続的技術（sustaining technology）を用いて、改良により従来の製品より優れた性能で、要求の厳しいハイエンド（高価格）の顧客獲得を狙うものである。こうした持続的技術の競争に勝てるのは、高い利益率で売れるような製品・サービスを作ることのできる資源を持った実績のある既存の優良企業だとしている。持続的イノベーションは恒常的に技術を改良し持続的に技術の性能を向上させるイノベーションであり、より高い機能を求める主流市場に受け入れられる。さらに、主流市場の最も収益性の高い顧客は最も魅力的な顧客であると位置付けられるため、既存の優良企業は必然的に収益性の低いローエンド（低価格）製品・サービスを切り捨てていくことになる。これが実績のある既存の優良企業が自らの破壊を招く始まりであり、イノベーションのジレンマでもある。

イノベーションのジレンマ

イノベーションのジレンマとは、端的にいえば、優良企業が健全な経営をしているにもかかわらず、業界リーダーの地位を失い失敗することを意味する。クリステンセンが自著の『イノベーションのジレンマ』の中で述べているように、業界をリードする優良企業は、恒常的に顧客の意見に耳を傾けニーズを探り、そのニーズに応じた製品を増産し、改良するために新技術への積極的な投資を怠らないが、ある種の市場や技術の変化に直面すると、その地位を守ることに失敗し市場での競争優位を失う。優良企業は、収益率の高い主流市場を選ぶため、当然ながら持続的技術の開発を選択する。なぜなら、主流市場における最も収益率の高い顧客は持続的技術を利用した製品を求めるからである。このように、優良企業は主流市場のメイン顧客に照準を合わせ、彼らが評価してきた性能に従い新技術に投資する。新技術の多くは製品の性能を高めるものである。

こうした優良企業による持続的技術への投資自体は失敗を導く要因にはならないが、クリステンセンは優良企業の経営が失敗につながる理由を3つ挙げている。

1つ目は、持続的技術と破壊的技術には戦略的に重要な違いが存在する点である。優良企業による主流市場での持続的技術に対峙して、新興企業による破壊的技術が、製品の性能を引き下げる効果を持つイノベーションとして、既存市場のローエンド市場や新市場に現れる。この破壊的技術こそが優良企業を失敗に導く要因である。破壊的技術は、主流市場において既存製品の性能を下げる一方で、ローエンド市場や新市場では新規顧客に評価

図表2-1▶持続的イノベーションと破壊的イノベーションの影響

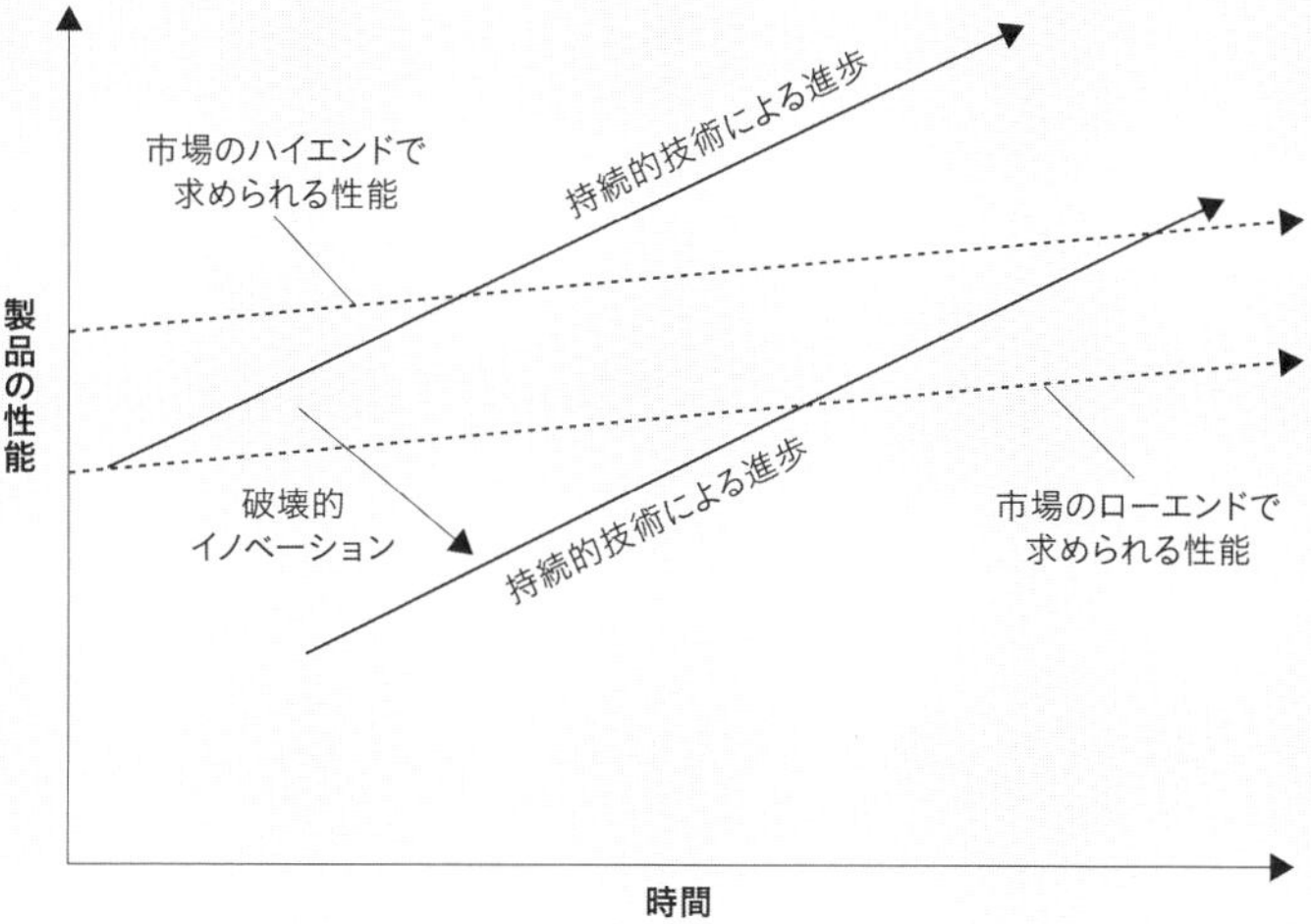

出典：クレイトン・クリステンセン、マイケル・レイナー著、櫻井祐子訳『イノベーションへの解――利益ある成長に向けて』（翔泳社、2003年）より作成

されるという特徴を持つ。

2つ目は、持続的技術による技術革新の進歩が時に顧客ニーズを上回るため、優良企業が競合他社より優れた製品を供給し、利益率を高める努力をすると、顧客ニーズを追い越してしまう点である（図表2-1）。この時、破壊的技術の性能は需要を下回るかもしれないが、性能を高めることでやがては十分な競争力を持つ可能性があるため、優良企業にとっては極めて脅威な存在になり得る。

3つ目の要因は、優良企業が、価格、マーケットサイズ、主流市場における顧客ニーズの面から、破壊的技術への積極的な投資は合理的でないと判断することである。破壊的技術は、最初はローエンド市場や新市場といった収益性の低い市場に受け入れられるため、主流市場で収益性の高い新製品を開発することを慣行としている優良企業が破壊的技術に投資する頃には、既に手遅れになってしまうというわけである。

2・3▼破壊的イノベーション

このように、主流市場で持続的技術を用いて既存企業が持続的イノベーションを展開するのに対し、新興企業が破壊的技術（disruptive technology）を用いて、従来の製品より低機能かつ安い価格で、それほど要求が厳しくない顧客や新しい顧客の獲得を狙うのが破壊的イノベーションである。破壊的な製品・サービスがこうしたローエンド市場や新たな市場で受け入れられると、技術改良が進むことで製品・サービスの性能向上が図られ、既存の主流市場でも通用し始める。性能が向上した製品・サービスは低価格で価格競争力が高いため、やがて主流市場を脅かす。このように、破壊的イノベーションは、新興企業にとって実績のある競合の既存企業を攻撃する最良の手段になることから、破壊的戦略（disruptive strategy）と位置付けられている。

こうした破壊的イノベーションには、ローエンド型破壊（low-end disruption）と新市場型破壊（newmarket disruption）とがある。ローエンド型破壊は、主流市場より下位に位置する市場を対象にした破壊的イノベーションであるが、下位に位置する市場を席巻した破壊的技術は、技術改良により上位に位置する主流市場のニーズを満たす技術にやがて発展していく。こうした破壊的技術は、性能が同等である上、低価格であるため、既存の技術に取って代わるほどの破壊力を秘めている。つまり、ローエンド型破壊は、収益性の最も低いローエンドの顧客を攻略する一方で、高い利益率が見込まれるハイエンドの顧客をも浸食することができる破壊的戦略に他ならない。

一方、新市場型破壊は、無消費（消費のない状況）をターゲットとして新市場を創造する破壊的イノベーションである。新市場では既存市場とは異なる価値基準が存在するが、その価値基準を満たす技術が存在しないため、新市場に導入される技術がたとえ性能面で未熟であったとしても、利便性が高く手頃な価格であれば、新市場には代替品自体が存在しないことから、利用者はそれを使うことになる。性能面で未熟な技術はこうした利用者を取り込みながら、技術改良が進み性能が高まるため、主流市場のニーズを満たす技術に発展し、やがて主流市場から利用者を取り込むほどの破壊力を秘めるようになる。つまり、新市場型破壊は、新市場に存在するそれまで利用するために必要なお金やスキルを持っていなかった顧客を攻略する一方で、主流市場から新製品を使った方が便利だと気付く顧客を取り込むことができる破壊的戦略である。

このように、クリステンセンはイノベーションを3つのタイプに分類し定義しているが、これ

図表2-2▶クリステンセンによるイノベーションの分類

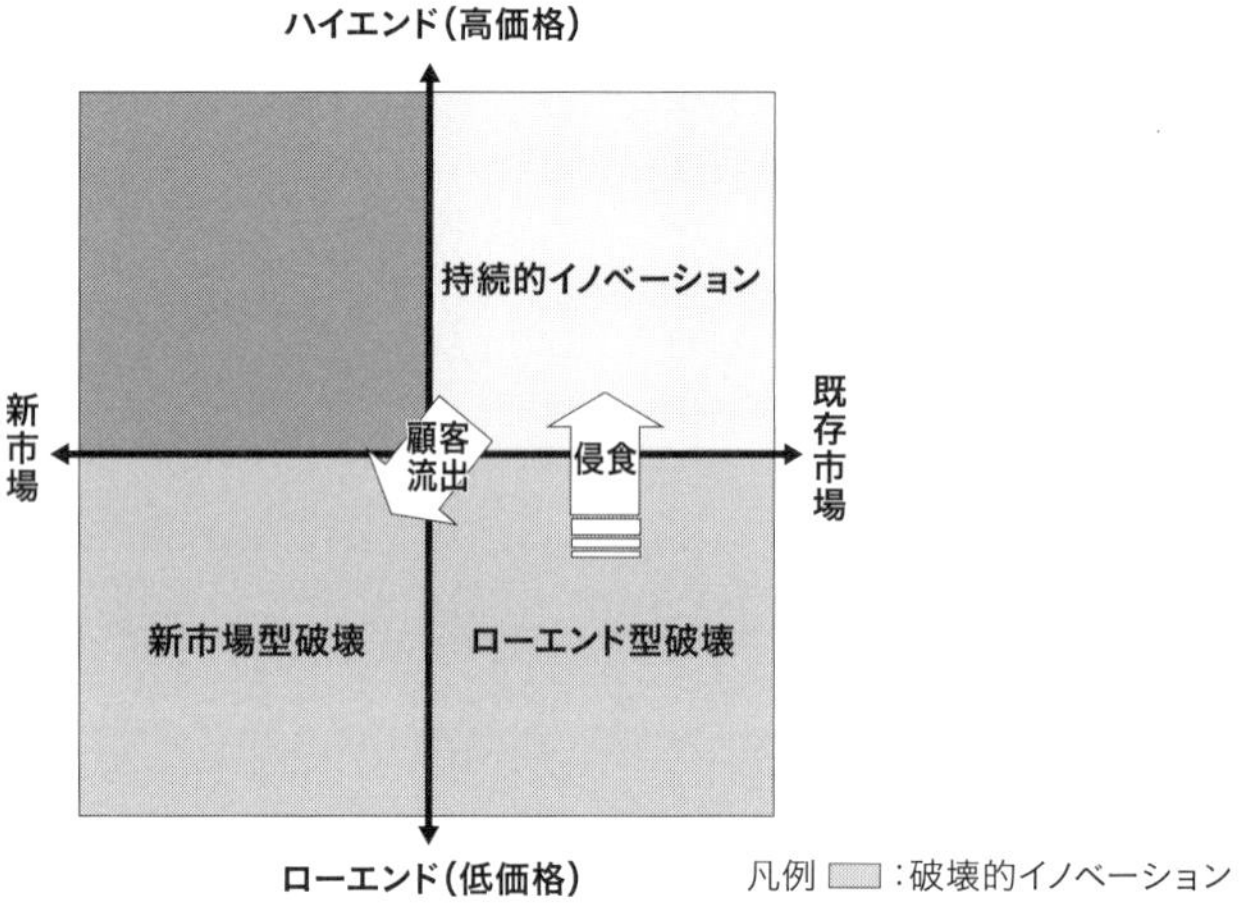

を図示すると図表2－2のように表すことができる。図表2－2では横軸に市場をとり、縦軸に価格をとっている。既存市場においては、既存の優良企業が収益率の高いハイエンドの主流市場で持続的イノベーションを展開するため、ローエンド市場が必然的に手薄になる。新興企業はこの空白となる下位の市場を見逃さず、ローエンド型破壊による破壊的戦略で既存市場に入り込んでくる。新興企業は技術改良とともにやがてハイエンドの主流市場を侵食し始める。一方、新市場においては、ローエンドの無消費をターゲットにして利用者を生み出す狙いで新市場型破壊による破壊的戦略が取られる。ここでは、技術改良とともに性能向上が図られ、主流市場のニーズを満たすことで、やがては主流市場から利用者を取り込むことが可能となる。

3 ビジネスモデルの考え方

3・1 ビジネスモデルの定義

あらゆるビジネスシーンを通じてビジネスモデルという言葉を耳にするが、ビジネスモデルを明確に定義した上で論理を展開しているケースは少ない。大抵の場合、ビジネスモデルは曖昧なまま使用されている。それでは、ビジネスモデルとは一体どのように定義できるのであろうか。その答えは企業が展開するビジネス、いわゆる事業活動(business activities)そのものに隠されている。

企業の源泉は、顧客ニーズに基づき顧客価値を創造し高めることにある。企業は、まず、ターゲットとなる顧客を決定し顧客ニーズを把握しなければならない。その上で、顧客ニーズを具現化するのに必要な商品・サービスの戦略的コンセプトを打ち出す必要がある。このように、顧客価値を創造し高めるための戦略的コンセプトを明らかにすることがビジネスモデルの原点である(①顧客価値創出のための戦略モデル)。

次に考えなければならないのは、顧客価値創出を目的とした戦略的コンセプトを商品化するためのビジネスプロセスである。すなわち、商品・サービスを顧客に提供する際に必要とされる開発や調達、製造、マーケティング、物流といった一連のビジネスプロセスの明確化である。自社の経営資源を使ってどのプロセスを進めるのか、コスト面から外部の経営資源で代用できないか、プロセスの効率化をどのように進めるのか、効果的なマーケティング・ミックス（marketing mix）は何かなど、さまざまな観点から戦略的なビジネスプロセスを考える必要がある（②ビジネスプロセスモデル）。

さらに、商品・サービスの顧客価値を創造し高めることが、自社にいかなる収益をもたらすかを明らかにすることも大切である。利益が出なければ事業の継続は不可能である。その意味では、企業の究極目標は利益の創出にあるといっても過言ではない。利益のドライバー（決定要因）は収入と費用であり、いかに収入を増やし費用を減らすかで得られる利益の大きさは異なるため、収入を生み出すフレームワークや費用の削減プロセスを明確にすることが利益の創出には欠かせない。企業の経済的価値は利益によって決まるため、持続的な利益の創出を実現するモデル作りこそ企業の事業継続にとって不可欠である（③利益創出のための収益モデル）。

このように、事業活動における3つのモデル（①〜③）、すなわち、顧客価値創出のための戦略モデル、ビジネスプロセスモデル、利益創出のための収益モデルを明らかにすることにより、企業は有効なビジネスモデルを機能させることができる。つまり、これら3つのモデルはビジネスの全体構造を示すのに必要不可欠な構成要素であるため、3つのモデルのうちどのモデルが欠けても有効なビジネスモデルとして機能しなくなる。よって、ビジネスモデルとは、「企業の顧客価値創出のためのビジネスにおける戦略的デザインに関するフレームワーク」であると定義できる。視点を変えれば、ビジネスモデルとは「企業利益創出の仕組み」に他ならない。

3・2 ▶ 垂直統合モデルと水平統合モデル

企業は自社の製品・サービスを市場に供給するにあたり、顧客への最終価値が企業内部の連鎖活動で生み出されることを示すバリューチェーンに沿って、付加価値の源泉となる事業工程をどの程度まで取り込むか判断しなければならない。M&A（Mergers and Acquisitions：企業の合併・買収）やアライアンス（alliance：複数の企業による緩やかな協力体制の構築）などを通じて、特定の事業工程を自社グループ内に取り込むことで企業は事業を拡張できる。この際、バリューチェーンの全工程を上流から下流まで統合して、業務範囲を広げながら競争力を高めるビジネスモデルが垂直統合（vertical integration）モデルである。垂直統合を進めることで、企業は製品・サービスの安定供給や中間コストの削減が図られ利益確保が可能となる。一方で、バリューチェーンの全工程で自社の経営資源が必要となるため、経営資源の拡散を招く恐れがある。

図表2-3►通信レイヤーによる垂直統合モデル

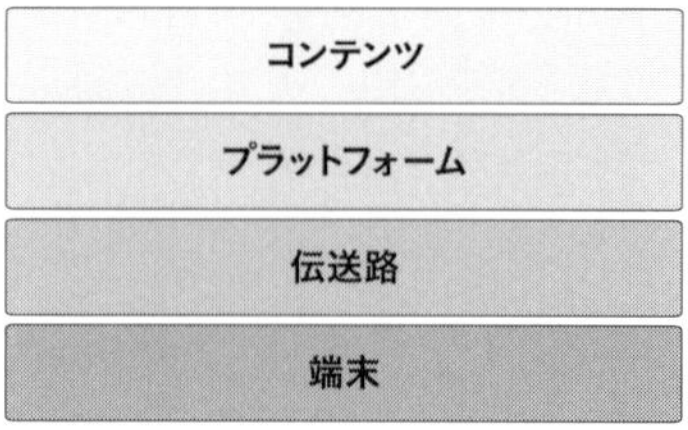

一方、バリューチェーン上の特定の工程で、それを提供する複数の異なる企業が一体化するビジネスモデルが水平統合（horizontal integration）モデルである。水平統合では、同一の製品・サービスを提供する企業が連携することから、規模の経済によるメリットが享受できるものの、従業員の増加に伴う管理コストなど企業内部のコスト負担が生じる恐れがある。

このように考えてくると、垂直統合と水平統合は上述したビジネスモデルの定義におけるビジネスプロセスモデルのひとつのフレームワークであることがわかる。企業が取り込む事業工程の範囲は、ビジネスプロセスモデルで考慮すべき戦略のひとつである。

なお、インターネット・ビジネス市場においては、垂直統合モデルや水平統合モデルは上記のようにバリューチェーンの全工程から見るケースの他に、通信レイヤー（ここではコンテンツ、プラットフォーム、伝送路、端末の4つに簡素化）の視点からも考察が可能である（図表2-3）。

バリューチェーン（価値連鎖）の考え方

図表2-4 ▶ バリューチェーン（価値連鎖）の基本形

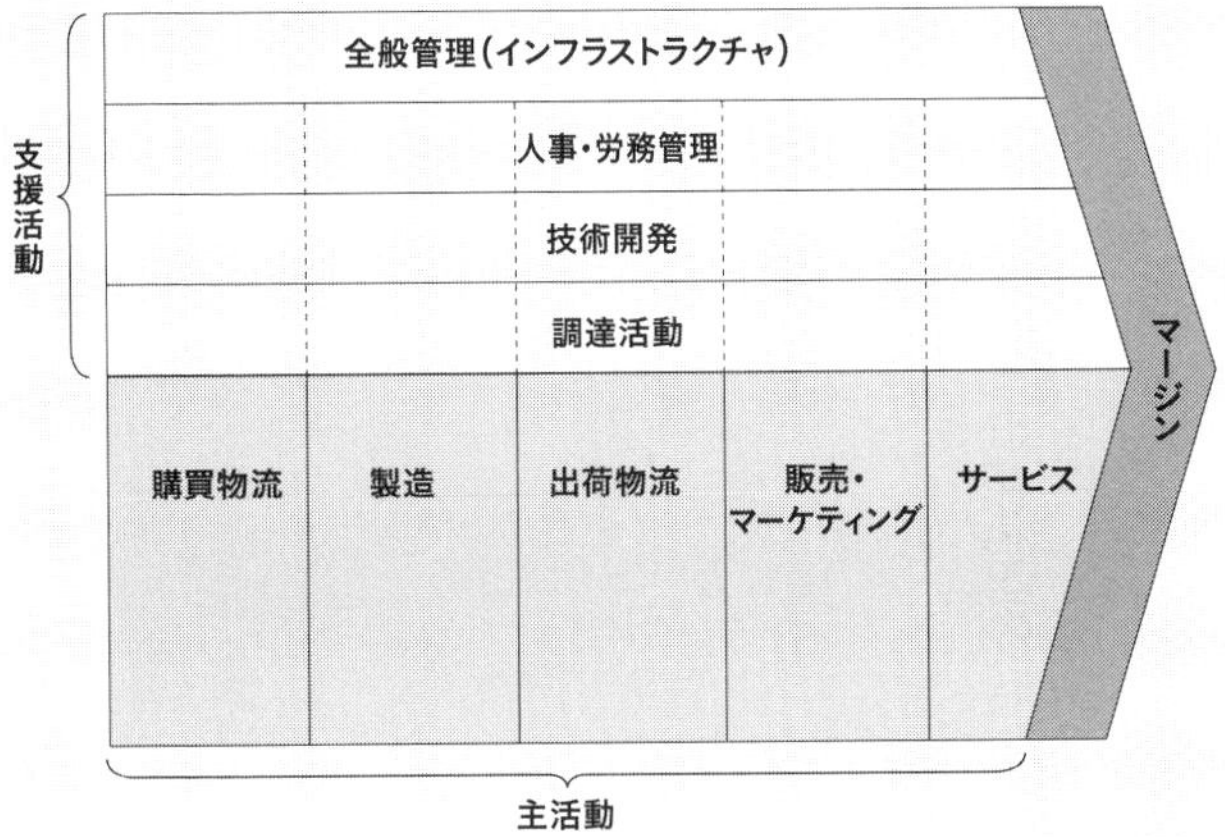

出典：マイケル・E・ポーター著、土岐坤他訳『競争優位の戦略――いかに高業績を持続させるか』（ダイヤモンド社、2011年）より作成

企業は競争優位を勝ち取るために、自社の取るべき戦略を常に練っている。市場のさまざまな動きに呼応して戦略はシフトするが、それではより競争優位を自社にもたらす戦略はどのようにすれば導き出せるのであろうか。企業は、自社の全ての事業活動がどのようにして最終的な価値に結び付くかを体系的に検討しなければならないが、その際に用いる手法がバリューチェーンである。

バリューチェーンは、ポーターが自著の『競争優位の戦略』の中で提唱した概念である。ポーターは、競争優位の源泉に必要なものはバリューチェーンであり、あらゆる企業活動はバリューチェーンでつながり、それは製品が顧客に届くまでの流れの中で、付加価値（販売価格から購買原料コストを引いた額）を生み出す連続したプロセスであると述べている。この一連のプロセスの中で、個々の企業活動が連鎖しながら付加価値は増大していくことになるが、こうして生み出された付加価値の合計がマージンである（図表2－4）。このマージンをバリューチェーンに関係する全ての企業が取り合うため、企業は競合他社にマージンを取られないよう、自社の競争力を高め競争優位を構築する必要がある。

バリューチェーンを考える上で重要なのは、企業のさまざまな事業活動を分類し整理することではなく、個々の事業活動の競争における優位と劣位を正確に検証した上で、異なる特徴を持つ事業活動のつながりを理解し戦略を構築することである。つながりの論理に基づく戦略こそが競争優位を獲得する上で重要となる。

3・3 ▼ iPhoneの考察

これまで述べてきたビジネスモデルの考え方に従って、iPhoneのビジネスモデルを考えてみたい。ジョブズは2007年1月、iPhoneの発表にあたり、「今日は私が2年半待ち望んだ日だ。歴史では数年に一度、革新的製品が現れ全ての様相を一変させてしまう」と述べている。このジョブズの声明からわかる通り、ジョブズはiPhoneを「革新的製品」と位置付けている。これまでの携帯電話市場には存在し得なかった革新的なデザインや操作性を持つ携帯電話こそ、これからアップルが携帯電話市場に投入する製品であり、それは消費者に受け入れられる十分魅力的な商品であることを「革新的製品」という言葉が暗示している。さらに、ジョブズは、「今日、我々はこれと同じクラスの製品、すなわち革新的な新製品を3つ発表する。1つ目は、ワイドスクリーンを備えタッチ操作に対応したiPod。2つ目は、革新的な携帯電話。そして3つ目は、卓越したモバイルのインターネットコミュニケーターだ」とも述べ、これらがひとつの製品、すなわち、「iPhone」であることをやがて明かす。このジョブズの言葉はiPhoneの商品戦略コンセプトを具体的に示したものであり、デザインや操作性、機能面などで既存の携帯電話との差別化（product diffrentiation）を図ったアップルの商品戦略が多分に読み取れる。アップルは機能面に加えデザインや操作性といったヒューマンインターフェースを重視したハード端末の開発と巧みなビジネスモデルで多種多様な業界やパートナーを巻き込みながら、ゲームや音楽などのさまざまなアプリケーション・ソフトを付加価値サービスとして内蔵し、iPhoneという高機能携帯電話を作り上げた。これこそがiPhoneの商品戦略コンセプトであり、ハードとソフトの両面で顧客価値の創造を図りながら、ブランド価値を高めるといったiPhoneの戦略モデルに他ならない。

図表2－5は、iPhoneの戦略的コンセプトを商品化するためのビジネスプロセスと収益モデル

図表2-5 ► iPhoneのビジネスモデルの考え方

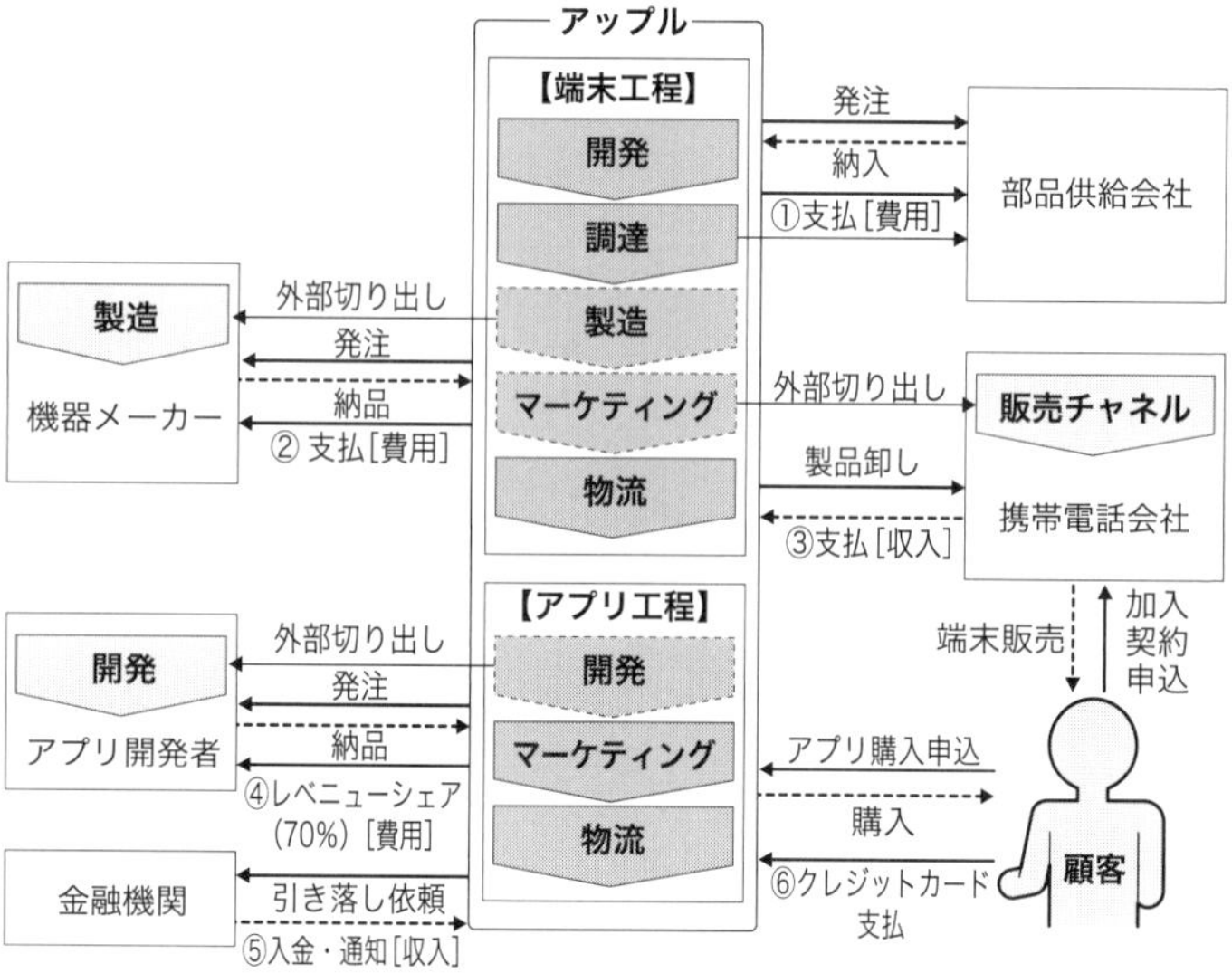

を示している。端末工程にしても、アプリ工程にしても、開発から物流に至るまで特定の工程でアップルは部分的に外部委託しているものの、基本的には全ての工程において自社で厳格にコントロールし、垂直統合を図りながら独自のエコシステム(ecosystem)を形成している。端末工程では、サムスン電子やインフィニオン・テクノロジーズ(Infineon Technologies AG)、ウルフソン・マイクロエレクトロニクス(Wolfson Microelectronics plc)、バルダ(Balda AG)、ナショナル・セミコンダクター(National Semiconductor Corporation)など、多くの半導体メーカーや部品メーカーから部品を調達している。また、製造面では、

自社で製造設備を抱え込まずファブレス（fabless）化し、ホンハイ（Hon Hai Precision Industry Co.：鴻海精密工業）といったＥＭＳ（Electronics Manufacturing Services：電子機器の製造受託サービス）企業と呼ばれる製造専業メーカーに生産を委託しコストダウンを図っている。さらに、マーケティング面では、携帯電話会社と独占販売契約を結ぶなどして新たな販売チャネルを確保し、流通経路を厳格にコントロールしている。アプリ工程では、アプリ開発にあたり有料アプリの場合、販売価格の7割をアプリ開発者であるゲームソフト会社やプログラマーに配分する契約スキームを設定して、幅広くアプリ開発者を募ることで多種多様なアプリを揃えることに成功している。

一方、収益モデルを考えてみると、端末工程では、図表２－５の収入③から費用①および費用②の費用合計を差し引いた額が利益となる。特筆すべきは、収入③に含まれる収入項目である。ブランド価値を高めることに成功したアップルは、iPhoneの人気の高さを利用して携帯電話会社に基本料金の一部、いわゆる上納金を支払わせることに成功している。たとえば、米国では、iPhoneのリリース当初、Ａ Ｔ＆ＡがiPhoneの端末代金に加えユーザーから徴収した基本料金の一部をアップルに支払う条件を含んだ独占販売契約をアップルと結んでいる。このため、iPhoneの基本料金は他の携帯電話に比べ高く設定されたが、高機能で高品質といったブランドイメージや利便性が顧客に浸透したため、ユーザーはこれを割高とは受け取らずに受け入れている。なお、２０１１年１月、アップルはiPhone4の販売に関しベライゾン・ワイヤレス（Verizon Wireless）でも

2011年2月以降購入できる旨を発表したため、AT&Aによるi Phoneの独占販売は実質的に解消されることになる。アプリ工程では、収入⑤と費用④の差額が利益となるが、顧客から得られる収入⑥は有料アプリの購入代金の支払いがクレジットカード払いを原則としていることから、収入⑥は実質的に収入⑤とイコールとなる。上述した通り、収入⑥でアップルが徴収した有料アプリの販売価格のうち70%がアプリ開発者に支払われ、残り30%が配信手数料としてアップルに残る。このように、アップルはハードとソフトの両面で収益を上げるフレームワークを作り上げ、利益創出のための戦略的な収益モデルを構築するに至っている。

3・4 ▾ iPhoneの対抗勢力とビジネスモデル比較

他社による端末開発を一切認めないというクローズドな戦略を取るアップルに対し、スマートフォン用のOSであるアンドロイドを独自に開発して、端末メーカーに無償で公開しアンドロイドを使ったスマートフォン端末の商品化を促すオープンな戦略を取るのがグーグルである。アンドロイドのビジネスモデルは第5章2・6で詳述するが、アンドロイドのオープン戦略に則り、現在ではモトローラやデル、サムスン電子、LG電子（LG Electronics Inc.）、華為技術（Huawei Technologies Co. Ltd：台湾HTC）、ソニー・エリクソン・モバイルコミュニケーションズ（Sony

Ericsson Mobile Communications)、シャープ（Sharp Corporation）、東芝（Toshiba Corporation）など、世界中の数多くの端末メーカーが競ってアンドロイド搭載のスマートフォンやタブレットPCを商品化している。

なぜこれほどまでに、世界の端末メーカーの多くがアンドロイド端末を商品化しようとするのであろうか。その理由はアップルと対照的な戦略を取るグーグルのビジネスモデルにある。アンドロイドのビジネスモデルの大きな特徴は、オープン戦略を取りながらアンドロイドを無償で端末メーカーに提供する一方で、独自機能を端末に追加することを容認している点である。特に、アンドロイド端末ではアプリなどのコンテンツが自由に配信できる。たとえば、ベライゾン・ワイヤレスによるVキャストアップストア（V Cast Apps store）やサムスン電子によるサムスンアップス（Samsung Apps）などがそれである。

このように、グーグルがオープンで自由な端末開発を端末メーカーに許容する基本姿勢をとっているのに対し、アップルは対照的に端末のデザインからコンテンツの内容に至るまで全ての工程を厳格にチェックし垂直統合モデルを確立しながら、エコシステム全体を厳しくコントロールする姿勢を貫いている。こうしたアップルの垂直統合によるクローズドなブランド戦略は、ジョブズの強固な経営統率の下でこれまでに構築され、完成度の高いビジネスモデルとして機能してきた。したがって、この戦略はジョブズ以降クックをはじめとした現経営陣により今後も継続される可能性は高いと思われるが、グーグルなどの対抗勢力の出方次第では、将来的に戦略の見直しを迫られることも十分に予想される。

◇──クローズド戦略とオープン戦略

クローズド戦略とオープン戦略は、アップルのiPhoneとグーグルのアンドロイド携帯の開発から製造に至る戦略を比較すれば明確に理解できる。アップルが取るクローズド戦略とグーグルが取るオープン戦略の大きな違いは、開発の過程で経営資源を自社で調達するか、他社とのコラボレーション（collaboration：協調）により経営資源を幅広く調達するかの違いである。アップルが非公開を原則にして、自社の経営資源のみでソースコード（source code：設計図）を開発し、垂直統合モデルによりiPhoneを製品化しているのに対して、グーグルはソースコードを開示し、オープンソース（open source）により外部の事業者の意見を広く取り入れ、ソースコードに改良を加えることでアンドロイドを開発している。

クローズドな戦略を取り開発されたiPhoneは、全ての意思決定が自社で可能なことから、ハードとソフトなど各部の最適な調和が容易であるため、完成度の高い製品を創り出すことが可能となる。これに対して、オープンな戦略を取り開発されたアンドロイド携帯は、自社以外の外部の事業者でもオープンソースの改良が可能なことから、それぞれの事業者が互いに各部で主張し合うため、各部の良さを最大限に活かしきれない可能性がある。しかし、インターフェースなどの面で、自由度の高いソースコードにしておけばこうした状況は解消できるため、最近ではアンドロイド携帯でも完成度の高い製品を実現するに至っている。

アップルは、イノベーティブな製品を創り出すために、今後も垂直統合によるクローズド戦略を取り続けるだろうし、グーグルは、オープンソースが開発者や顧客の選択肢を広げるとの視点から、今後もオープン戦略を取りながら水平分業によりアンドロイドを提供し続けるであろう。

第3章

アップルの戦略とイノベーション

アップルは1976年の創業以来、常に新たなデジタル・ライフスタイルを人々に提言してきた創造性豊かなIT企業である。マッキントッシュ、iMac、iTunes、iPod、iPhone、iPadと次々にイノベーティブな製品を市場に送り出し、IT業界に新たなトレンドを巻き起こしてきた。特に最近ではiPhoneやiPadが人々のライフスタイルに大きな変化をもたらしたことで、スマートフォン市場やタブレットPC市場で新たな需要が生まれ市場が拡大しつつある。このように、アップル製品が人々に選ばれ受け入れられるのはなぜであろうか。アップルの戦略と創造力の源泉を検証してみたい。

1 企業理念と企業戦略

アップルの企業戦略は、人々の上質で調和のとれたデジタル・ライフスタイルの確立をあるべき姿にして構築されている。アップルは2010年発行の年次報告書の中で、自社の企業戦略について次のように述べている。

アップルは、革新的なハードウェア、ソフトウェア、周辺機器、サービスおよびインターネットの提供を通じて、最高のユーザー体験を顧客に提供することを約束する。アップルの企業戦略は、使い勝手が良く革新的なデザインをまとった新しいサービスを顧客に提供するために、運用システム、ハード、アプリケーション・ソフトおよびサービスに関する自社のデザインや開発能力を活用することである。アップルは、研究開発への恒常的な投資が、革新的な製品やテクノロジーを開発し促進するのに重要であることを確信している。こうした戦略を踏まえて、アップルは、サードパーティがiTunesストアによりデジタルコンテンツやアプリを開発し調達できるような強固なプラットフォームを構築し提供し続ける。iTunesストアには、顧客がマックもしくはウィンドウズベースのPCあるいはiPhone、iPad、iPod touchといった無線端末機器によりサードパーティのアプリや書籍を検索しダウンロードできるといったアップストア(App store)やiBookストアが含まれる。アップルは、また、アップルの提供品を補完するようなソフト、ハード製品、デジタルコンテンツをサードパーティが開発できるようなコミュニティ支援にも従事する。さらに、アップルの戦略には、効果的により多くの顧客を獲得し、高品質な販売や販売後のサポート支援体験を顧客に提供するような流通網を拡充することが含まれる。それゆえ、アップルは、より上質で十分に調和のとれたデジタル・ライフスタイルや生産的なソリューションを提供することで独自の地位を固める(以下略)。

このアップルの企業戦略からわかるように、アップルの戦略は、まず、「最高のユーザー体験を顧客に提供することをコミット」することから始まる。アップルが掲げる最高のユーザー体験とは何か。その答えは、iPod、iPhone、iPadのマルチタッチディスプレイに初めて触れた時の体験を回想すれば、自ずと理解できるであろう。ピンチイン・ピンチアウト操作(pinch-in/pinch-out)

で画面を自由に拡大・縮小したり、WEBページの一部を指で軽くダブルタップ（double-tap）して画面を拡大したりできるのは、iPhoneやiPadならではの操作性である。ただし、現在では画面をなぞるスワイプ（swipe）などを含めたこれらの動作環境は、他社でも採用するようになってきている。アップルはこの顧客による最高のユーザー体験を実現させるために、デザインや開発能力といった自社の経営資源を活用することを企業戦略として最優先に掲げている。アップルはこの戦略を実現するために、研究開発への恒常的な投資を厭わない。実際、アップルの研究開発費は2010年には18億ドルに達しており、2009年の13億ドル、2008年の11億ドルに対し増加傾向にある。

2つ目の企業戦略として、アップルは流通網の拡充を挙げている。iPhoneにおける通信キャリアとの独占販売契約の締結やiPadの販売店絞り込みのケースを検証すれば、この戦略の意図が見えてくる。特にiPadのケースでは、当初販売数が予想以上に伸びたことから世界的に製品供給が追いつかず、アップルは販路の絞り込みに踏み切ったと考えられていた。だが、この考え方は一時的な事象の裏付けに過ぎない。アップルの販路の絞り込みは、製品供給面というよりはむしろ、商品の流通経路を厳格に管理することで自社の商品価値を高める戦略を取るものである。すなわち、アップルのブランド価値（brand equity）を厳守するのがその狙いである。アップルの商品力とブランド価値が高まれば、より多くの顧客を獲得できるようになり、結果として、アップルの競争優位性を市場でさらに強固なものにすることが可能となる。

2 経営と製品進化の軌跡

創業以来35年間、アップルは持続的な競争優位を達成してきたわけではない。創業から株式公開までの4年間は成長戦略に乗りベンチャーとして順調に滑り出したが、それから5年後、ジョブズがアップル退社に追い込まれる頃より、成長企業としての経営戦略が欠如し企業としての明確なビジョンや方向性が見えなくなっていく。その最大の要因は、アップルが考える製品コンセプトと顧客ニーズとの間に大きなギャップが生じるようになったことである。だが、ジョブズがアップルを退任して12年後、ジョブズがアップルへの復帰を果たすことで、アップルは息を吹き返す。革新的で創造性にあふれた製品・サービスを次々と市場に投入し、商品の差別化を図ることで持続的な競争優位を築くようになっていく。製品進化の軌跡とともにアップルの戦略シフトを詳細に検証していく。

2・1▼アップルの生い立ち

アップルの誕生は、スティーブン・ゲイリー・ウォズニアック（Stephen Gary "Woz" Wozniak）とスティーブン・ポール・ジョブズ（Steven Paul "Steve" Jobs）という2人のスティーブによって語ることができる。ウォズとジョブズが知り合ったのは、ウォズの友人であるビル・フェルナンデス（Bill Fernandez）の紹介であった。ウォズとジョブズは、エレクトロニクスという共通の話題によりお互いが次第に引かれ合うようになり、やがて、アップルI（Apple I）という自作コンピュータを開発することになる。

アップルIはコンピュータといっても、現在のPCとは遥かにかけ離れた製品であり、購入者がキーボードやモニター、ケース、電源などを自前で付け加えて使うただのコンピュータ基盤に過ぎなかった。2人はヒューレット・パッカード（Hewlett-Packard Company）などにアップルIの売り込みを図ったが、断られたため会社を設立することになる。こうして、1976年4月、アップル・コンピュータ（Apple Computer, Inc.）が設立される。

創設者は2人のスティーブに加え、ロナルド・ジェラルド・ウェイン（Ronald Gerald Wayne）の3人であった。設立後、アップルはアップルIを当時米国初のコンピュータ販売チェーン店とされていたバイトショップ（Byte Shop）のオーナーであるポール・テレル（Paul Terrell）に1台500ドルで50台販売し、8000ドルの利益を得ることになる。利益率は32%であった。その後、1977年1月にアップルは法人化され、ナショナル・セミコンダクター（National Semiconductor Corporation）に当時勤務していたマイケル・スコット（Michael "Scotty" Scott）が初代社長に就任することになる。

2・2▼3つのPC開発重点プロジェクト

1977年4月、アップルⅡ（Apple II）が発表される。価格は1298ドルであった。アップルⅡはアップルⅠの販売経験が十分に活かされた製品であった。アップルはアップルⅠの販売経験を基に、PCという新製品に対し顧客が技術面や機能面で何を求め何が不要かといった情報を把握するとともに、これらの経験知から得られた分析結果をアップルⅡの開発に十分に活かすことができたため、アップルはアップルⅡで成功を収めることになる。

1979年以降、アップルにおけるPC開発は3つのプロジェクトに分かれて進められていく。そのひとつがアップルⅢ・開発プロジェクトである。アップルⅢはアップルⅡの後継機として、アップルⅡとの互換性を持たせた企業向けビジネス・ソリューションを目指した製品で、開発プロジェクトは1978年11月に始まる。アップルⅢでは、販売が好調であったアップルⅡの優位性をいかに取り込むかが課題であった。

2つ目の開発プロジェクトとして展開されたのが、リサ・プロジェクト（LisaProject）である。アップルⅡの概念を打破すべく高品質の次世代PCを追求することがリサ・プロジェクトの神髄であり、価格帯2000ドルのビジネスユース向けPC開発をプロジェクトの目的として、1979年7月に立ち上げられた。

3つ目は、主にローエンドをターゲットにして展開されたマッキントッシュ・プロジェクト（Macintosh project）である。マッキントッシュ・プロジェクトは価格帯500ドル台（すぐに1000ドル台に方針転換）のPC開発を目指して1979年9月に立ち上げられ、プロジェクトのコンセプトとしては、リサ・プロジェクトと対極に位置するプロジェクトであった。アップルのPC研究開発は以後3年間、この3つのプロジェクトごとにもしくはその組み合わせにより、集中的に行われていくようになる。一方で、それまで会社のドル箱であったアップルⅡに関して予算を削減したことから、名目的には選択と集中（selection and concentration：自社の得意とする事業分野の明確化とその分野へ経営資源を集中的に投下する戦略）が進められたことになる。

2・3 ▾株式公開とスカリーによる経営

アップルは1980年12月に新規株式公開（Initial Public Offering：IPO）を果たした（図表3-

図表3-1 ►アップルの株価推移(1980〜2011年)

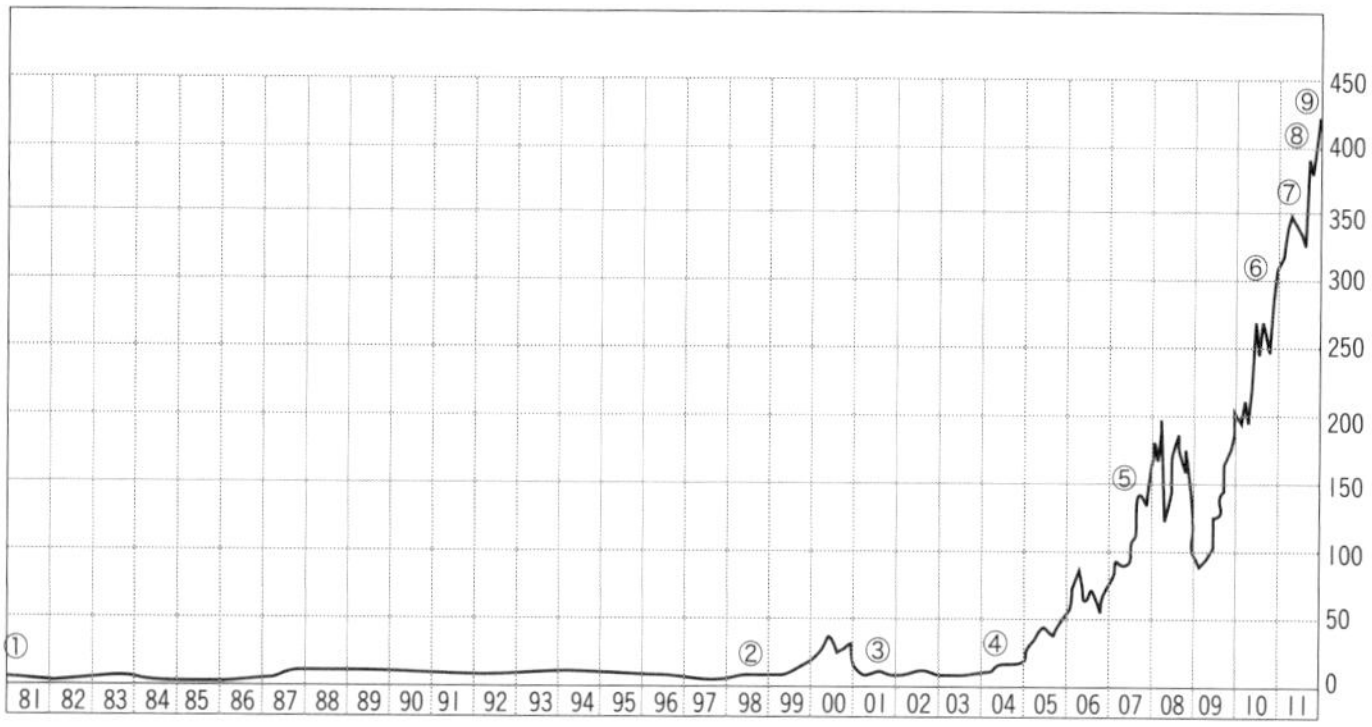

出典：Google finance（2011年10月31日）より作成

１－①）。これに前後して、アップルは１９８４年までに多くの種類のＰＣ製品を世に送り出している。１９８０年８月のアップルⅢ（価格４３４０ドル）の発表を皮切りに、１９８３年１月にはリサ（９９９５ドル）およびアップルⅡｅ（１３９５ドル）を、１９８４年１月にはリサ２（３４９５ドル）およびマッキントッシュ（２４９５ドル）を、４月にはアップルⅡｃ（１２９５ドル）をそれぞれ発表している。ＰＣの事業戦略として３つのプロジェクトを選択し会社の経営資源を集中させた結果がこれらの製品ラインアップのリリースをもたらしたが、各製品の戦略ポジショニングが十分なものでなく期待通りの成果が上がらなかったことから、戦略的な選択と集中と呼ぶにはほど遠いものであった。

　実際、１９８４年末、アップルは需要予測を誤ったため、マッキントッシュの過剰在庫に苦しみ結果的に第4四半期には初の赤字を計上している。そのため多くの人員が削減された。既に1983年4月にアップルの社長兼最高経営責任者（President & CEO：Chief Executive Officer）に就任していたジョン・スカリー（John Sculley）は過剰在庫をもたらした原因がジョブズにあると考え、マッキントッシュ部門におけるジョブズの退任を要求し取締役会はこれを了承した。その後ジョブズは会長職も辞任し、1985年9月にアップルを退社することになる。これにより、1985年2月に既に退社しているウォズに加え、アップル創業者の3人が全て姿を消すことになる。その後の経営はスカリーに委ねられ、1993年までの約10年間彼の任期が続くことになる。

スカリーは、1990年以降、携帯情報端末（Personal Digital Assistant：PDA）の開発に精力的に取り組むようになる。このプロジェクトにはニュートン（Newton）というコード名が付けられた。1992年、スカリーはCPU（Central Processing Unit）にARMを採用し、PDAとしてニュートン・メッセージパッド（Newton MessagePad）を発表し、翌年の8月には、699ドルの価格でニュートン・メッセージパッド・ジュニアをリリースしている。その後、ニュートン・メッセージパッドはシリーズ化され、1997年10月までの4年間に7機種がリリースされたが、手書き文字認識機能の認識率が悪かったため、販売数が伸びずビジネスとしては失敗に終わった。このニュートン・プロジェクトの開発と販売には約5億ドルが投資されたが、リリースした8機種で約30万台しか販売数を伸ばせなかった。こうして、1998年2月、アップルはニュートンの開発を全て中止することになる。

2・4▼スカリーのCEO退任とスピンドラーの経営

スカリーがマッキントッシュの販売促進に力を入れず、ニュートンの開発に傾注していたことから、1993年にアップルの業績が悪化したのを契機にスカリーはCEOを退任する。スカリーに代わって新たにCEOに就任したのは、当時アップルのヨーロッパ市場で功績を挙げていたマイケル・スピンドラー(Michael Spindler)であった。スピンドラーは悪化した業績を立て直そうとしたが、PCの需要予測を大幅に外し、過剰在庫を抱えてしまうなどして、さらに業績を悪化させてしまう。スピンドラーとしては経営方針の変更を余儀なくされ、取締役会の了承を得てアップル売却に注力することになる。1995年のキャノンとの買収交渉をはじめとして、その後、IBM(International Business Machines Corporation)やフィリップス(Koninklijke Philips Electronics N.V./Royal Philips Electronics Inc.)、サン・マイクロシステムズ(Sun Microsystems, Inc.)と買収交渉を進めたが、交渉成立には至らなかった。結果として、1996年2月、スピンドラーの退任が取締役会で承認され、新たに当時アップルの社外取締役に就いていたギルバート・フランク・アメリオ(Gilbert Frank Amelio)がCEO兼会長に就任することになる。

2・5▼ネクストの買収と新たなOSの開発

CEOに就任後、アメリオを待ち構えていた経営課題は次期OSの選定であった。アップルはOS選定を外部に求める方針を打ち出し、まず、ビー（Be Inc.）と買収交渉を開始した。アメリオはビーOS（Be OS）に興味を持っていたが、ビーOSは未完成であったため、マックOSとして出荷するまでに数億ドルの投資と数年の開発期間が必要であることが予想された。こうした中、当時、ネクスト・ソフトウェア（NeXT, Inc./ Next Computer, Inc./ Next Software, Inc.）のCEOであったジョブズが自社OSであるオープンステップ（OPENSTEP）の買収交渉をアップルに持ちかける。ジョブズの用意周到極まるプレゼンテーションが功を奏し、1996年12月、アップルは4億2700万ドルでネクストを買収することを発表し、次期OSの基盤としてオープンステップを採用することが決まる。このオープンステップをベースにして、新たに開発されたのがマックOS X（Mac OS X）である。それまでアップルは、コープランド（Copland）のコード名で独自にOSを開発してきたが、開発が遅れたことにより度重なる出荷期日の延期を招き顧客を失望させてきた。オープンステップの出現は、開発者や顧客のコープランドに対するこれまでの不安と失望を一掃させた。マックOS Xはセキュリティの強度を高めるメモリ保護やアプリ間のスムーズな操作性を実現するプリエンプティブ・マルチタスク（preemptive multitasking）といった、コープランドがこれまでに実現できなかったあらゆる機能を備えることになる。こうして、2000年1月、アップルはマックOS Xを発表する。アップルにない経営資源（基盤技術）の取得により、新たなOSの開発というネクスト買収の本来の目的が達成されることになる。

2・6▼ジョブズのアップル経営復帰とマイクロソフトによる出資契約の締結

ネクスト買収完了に伴い、1997年2月、アメリオの要請を受けてジョブズは非常勤顧問としてアップルに復帰する。この年の7月にアメリオがアップルのCEO兼会長を辞任したのを受け、9月にはジョブズが暫定CEOに任命される。CEO就任後、ジョブズはさまざまな経営課題に精力的に取り組むようになる。1997年、アップルはマイクロソフトと特許のクロスライセンスおよび技術開発契約を結ぶことを発表する。この契約で、マイクロソフトはマック版マイクロソフト・オフィスとインターネット・エクスプローラを以後5年間開発することを約束し、一方で、アップルはインターネット・エクスプローラをマックOSの標準ブラウザとして採用することに合意している。加えて、マイクロソフトはアップルのシリーズA転換権付優先株式（議決権無しで3年間売却不可）15万株を取得するかたちで、アップルへ1億5000万ドルの出資を決めている。マイクロソフトといった世界最大のソフト会社がマックのプラットフォーム開発に合意したことで、顧客は以前にも増してより安心してマックを購入できるようになる。こうした意味で、この契約がアップルの顧客にもたらしたインパクトは計り知れないものがあり、利便性の向上という観点から顧客価値のさらなる向上を果たしたものであるといえよう。

2・7▶iMacプロジェクト

ジョブズは新製品の開発にも着手している。これまで、アップルは2000ドル以下の低価格帯のコンシューマ向けPCモデルを開発していなかったことから、新たにiMacプロジェクト（Imac project）を立ち上げる。短期間のうちに開発が進められ、1998年5月、アップルはiMac（価格1299ドル）を発表する（図表3－1－②）。iMacの出荷はこの年の8月に開始され、6週間後には北米や日本、ヨーロッパ市場で27万8000台の販売を記録し、歴代マックの中では最も速いペースで販売数を伸ばしていくことになる。iMacは優美な半透明でボンダイ・ブルーのプラスチックボディーを採用した点に他のPCとの差別化が図られており、デザイン性に優れた製品であると特徴付けられている。iMacの販売好調により、アップルはこの年3億9000万ドルの利益を計上し黒字転換を果たしている。その後、アップルはiMacの新機種を次々と市場にリリースしていく。1999年1月には5色のバリエーションを持つiMacリビジョンC（iMac revision C）を、10月にはiMac DV（Slot Loading）やiMac DV Special Edition（Slot Loading）を発表している。こうして、初代iMacの販売開始から1年間で、アップルは約200万台のiMacを出荷することになる。このように、iMacはiMacリビジョンAからDまでのiMac G3（第1世代）を皮切りに、以降、iMac V系（Slot Loading）、iMac G4（Flat Panel）、iMac G5、iMac（インテルベース）とシリーズ化され進化していくことになる。

2・8▼デジタル・ライフスタイル戦略

こうした功績により、2000年1月、ジョブズは正式にアップルのCEOに就任する。既に1999年7月、アップルは「持ち運べるiMac（iMac to go）」のコンセプトの下、コンシューマ向けノートPCとして初代iBookを発表していたが、2000年2月にはiBook Special Edition（FireWire）を発表する。販売は好調であった。この頃にはiMacも軌道に乗りアップルの経営は安定するものの、事業の中心は相変わらずマッキントッシュ製品であった。ジョブズはマッキントッシュ製品による売上依存を解消するために、デジタル・ライフスタイル戦略（digital lifestyle strategy）を打ち出す。

アップルは2001年1月にiTunes1.0（音楽再生管理ソフト）を発表し、10月には初代iPod（価格399ドル）を発表することでこの戦略を進めていく（図表3－1－③）。iPodは200グラムの本体に5ギガバイトの大容量ハードディスクを搭載し、CD音質の楽曲約1000曲を収納できるデバイスである。当時、他のMP3再生機器が半導体メモリを使用しメモリ容量が小さかったことからiPodは差別化を図ることができたため、顧客に十分なインパクトを与えることができた。2002年7月には、iPodのさらなる大容量版（10、20GB版）がリリースされ、ウィンドウズ対応版も発表されている。

さらに、アップルはiPod事業を後押しするために、2003年4月、iTunesミュージックストア（iTunes Music Store）を立ち上げる。当時、オンラインで楽曲を購入しダウンロードする手法は、他のオンライン・ミュージック・ストアでも採用していたが、iTunesミュージックストアはインターフェース性に優れており、特に、当時音楽業界のビック5であるBMG（Bertelsmann Music Group）やEMI（EMI Group Ltd.）、ソニー・ミュージック・エンターテイメント（Sony Music Entertainment Inc.）、ユニバーサル（Universal Music Group）、ワーナー（Warner Music Group）の協力を得て、約20万曲以上の豊富な楽曲を揃えることができたため、競合他社よりも顧客を魅了し優位性を築くことができた。こうして、アップルは消費者とコンテンツ・プロバイダーの2つのユーザー・

グループ間でネットワークの外部性を働かせることにより、コンテンツ（楽曲）の販売数を伸ばすことに成功する。iTunesストアは当初、iTunesミュージックストアという名前が示す通り、音楽配信サービスのみでスタートしたが、現在では、ミュージックビデオや映画、テレビ番組、ポッドキャスト（podcast）、iPod向けゲーム、iPhone・iPad・iPod touch向けアプリケーション配信などさまざまなサービスを提供している。

また、アップルは2004年1月に、iPodミニ（iPod mini）を発表している。iPodミニはiPodを小型化した廉価版で、ファッション性を重視したこともあり爆発的なヒット商品となった（図表3－1－④）。

2002年7月、アップルはインターネットでの保存、公開、共有、コミュニケーションが容易にできるサービスとして、ドットマック（.Mac）を提供開始する。ドットマックは、IMAP、POP、WEBブラウザの3種類の方法でアクセスできる電子メールサービスをはじめとして、マックOS Xのファインダ（Finder）から直接利用できるインターネット上の容量100MBのディスクスペースサービス、個人のホームページやデジタルフォトアルバムなどを作りインターネットで公開できるホスティングサービスなどが利用でき、年会費99・95ドルの年間契約型サービスとしてスタートしている。当時、ジョブズはドットマックを「コンピュータのデスクトップスペースと区別することなく利用できるインターネットサービス」と表現していることとから、ドットマックは、そのサービス呼称が当時まだ一般的に存在しなかったサービスであると考えられるが、ドットマックはいわゆるクラウドサービス（cloud service）に他ならない。その後、2008年6月、ドットマックに代わる新たな有料の個人向けクラウドサービスとして、モバイルミー（Mobile Me）が発表される。モバイルミーは、電子メールやファイル、住所録、カレンダーなどをクラウド上に保存し、マッキントッシュやiPhone、iPod touch、ウィンドウズを搭載したPCに対応し、あらかじめ設定されたデバイス間で自動的にデータを同期（synchronization）させることができる。これにより、ユーザーは端末を有線接続して手作業で同期を行うといった手間が省け、複数のデバイスを通じて機動的に最新データを扱うことが可能となる。iPhoneを使えば、外出時にPCを持ち運ぶ必要がなくなり、モバイルからクラウドにいつでもアクセスできるため、ユーザーの利便性はさらに向上する。利用形態は年会費99ドルの年間契約型サービスで、ドットマックサービスをほぼ踏襲した形をとっている。

2・9 ▶ 携帯電話事業への参入

iPodという新たなコア事業（core business）を確立したジョブズは、次なる市場として携帯電話市場に狙いを定める。2007年1月、アップルはiPhone（価格4GBモデル499ドル／8GBモデル

599ドル）を発表する。（図表3－1－⑤）。iPhoneはiPodやPDA機能などを備えたスマートフォンである。マルチタッチスクリーン（multi-touch screen）を導入してデザイン性を高めることで、顧客の操作性や利便性を大幅に向上させたことが大きな特徴のひとつである。2008年6月、アップルはiPhone3Gを発表し、1年後の2009年6月にはiPhone3GSを、さらに、2010年6月にはiPhone4を、2011年10月にはiPhone4Sを発表している。iPhoneのOSにマックOS Xが使用されていることから、アップルにおけるiPhoneの事業戦略は、範囲の経済（economies of scope）を利用した多角化戦略（diversification strategy）と位置付けることができる。なお、iPhoneのOSはその後OS X iPhoneからiPhone OSに改名され、2010年6月にリリースされたバージョン4・0からiOSの名称が使用されている。

◇――範囲の経済の考え方

範囲の経済は多角化の経済的根拠としてしばしば用いられる。たとえば、今、ある鉄道会社が旅客用の車両を走らせる目的で電車の線路を建設したとする。この線路を貨物用の車両にも用いることになれば、この会社は範囲の経済による多角化を実現したことになる。つまり、範囲の経済とは、同一の経営資源を複数の事業や製品で共有し合うことにより、効率性を高めることである。

「効率性が高まる」意味を前述の線路建設事業の例で説明すると、この鉄道会社が単独で旅客輸送事業 x_1 と貨物輸送事業 x_2 を行った場合の線路建設コスト $C(x_1, x_2)$ は、異なる会社2社がそれぞれ単独で旅客輸送事業と貨物輸送事業を行った場合にかかる線路建設コスト $C(x_1, 0)$ および $C(0, x_2)$ よりも小さいことから、以下の公式により、範囲の経済によるこの会社の効率性の高さを示すことができる。

$$C(x_1, x_2) < C(x_1, 0) + C(0, x_2)$$

この鉄道会社は、線路建設コストに関わる輸送事業当たりの平均コストを抑えることができるため、それぞれ単独で旅客輸送事業と貨物輸送事業を行う2社よりもプライシングの自由度が高まり、利益率の向上につなげることが可能となる。

また、範囲の経済における共有可能な経営資源には、生産設備や固有技術、販売チャネルなどが挙げられるが、ブランドなども共有することにより、効率性の追求を図ることができる。企業が既にある事業で確立されたブランドを持っていれば、そのブランドを他の事業の製品に使用することでコストの圧縮が図られ、その製品を顧客に認知させることが可能となる。認知度の向上により、その製品のブランド価値が高まれば、売上の増大につながるため、ブランドを共有する効果はさらに高まることになる。この戦略は、ブランドの傘（umbrella brand）と呼ばれている。

2・10▼テレビ市場への参入

アップルはまたテレビ市場への参入も果たしている。2006年9月、アップルはアップルTV（価格299ドル）を発表する。発表当時はまだ開発段階で、アップル内部ではiTVのコードネームでプロジェクトが進められていた。アップルが開発したアップルTVはセットトップボックス（Set-Top Box：STB）で、無線・有線LANを通じて映画などのビデオコンテンツをiTunesからテレビに配信でき、しかも、同期やストリーミング（streaming）機能はマックOS XとWindowsの両方に対応している。このアップルTVは2007年1月に販売開始されたが、2010年9月には大幅に小型化され刷新された新型のアップルTVを発表している。新型のアップルTVは価格が99ドルに設定され、AirPlayシステムによりiPodやiPadのコンテンツなどをWi-Fi経由でストリーミングできるようになった点が大きな特徴である。また、大手放送局による番組配信が99セント／1話でレンタル可能になるなど、機能やコンテンツが大幅に刷新されている。

2・11▼タブレットPC市場への参入

2010年1月、アップルはiPad（価格499～829ドル）を発表して、新たにタブレットPC市場へ参入する（図表3－1－⑥）。iPhoneとマックBookの中間にポジショニングされたiPadには、マルチタッチスクリーンやユーザインターフェースのデザインといったiPodやiPhoneで採用されている多くの機能や技術が取り入れられている。従来のPCと異なるiPad機能の最大の特徴は、電子書籍（electronic book/e-book/digital book）配信機能が装備されている点にある。顧客はアイブックストア（iBookstore）から電子書籍をダウンロードして購読が可能であり、これにより顧客は書籍や雑誌、新聞といった新たなデジタルコンテンツを入手できるようになる。アップルとしては、出版社や新聞社、製作会社などのコンテンツをできるだけ多くプラットフォームに集めることが重要となる。また、通信機能にはWi-FiモデルとWi-Fi+3Gモデルの2種類が用意されている。

2・12▼ジョブズの病気療養とiPad2の発表

2011年1月、アップルは最高執行責任者（Chief Operating Officer：COO）のティモシー・D・クック（Timothy〝Tim〟D. Cook）に再び会社の経営を委ね、ジョブズが無期限の療養休暇に入ることを発表している（図表3－1－⑦）。復帰予定日は明らかにされなかったが、ジョブズはなるべく早く復帰すること、また、健康問題に取り組む期間はプライバシーを尊重してほしい旨を公表している。ジョブズは過去に2度、2004年と2009年に健康問題を理由に休養を取っているが、これまでの2回の発表は今回の発表と異なり、いずれも復帰の見込み時期を明らかにしてきた。アップル社員向けのメモには「取締役会が私の要望にこたえて休養を認めてくれたため、健康問題に集中できるようになった。ただし、CEOの地位は返上せず、アップルの重要な戦略的決定には関与を続けるつもりだ。アップルでの日々の仕事はティム・クックに代行してもらうよう頼んだ。ティムと他の取締役会メンバーなら、2011年に我々が予定しているすばらしい計画をつつがなく遂行してくれるものと信じている」というジョブズの言葉が記されている。この報道を受け、アップルの株価は独フランクフルト株式市場で最大7％の下落を余儀なくされている。

2011年3月、アップルは2010年春の発売以来全世界で約1500万台を売り上げたiPadの改良機種としてiPad2の発表している。この中でアップルは、発表から8日後には米国で、日本を含めたその他の国では22日後にiPad2を発売するとの声明を出している（実際日本では、1カ月遅れの2011年4月下旬に発売）。この3月に行われた発表会見には、1月に無期限の病気療養に入ったジョブズが予告なしに登場したため、観衆の多くが驚愕しジョブズのプレゼンテーションに熱狂した。ジョブズはプレゼンテーションの冒頭で、iPad2の今回の改良は「全てがニュー・デザイン」であると述べた上で、iPad2で改良された3つの大きな特徴を挙げている。ジョブズがその特徴としてまず挙げたのは、マルチCPUコアチップA5を使ったことで劇的に処理速度が速くなった点である。A5はデュアルコアプロセッサであり、CPUパフォーマンスでは2倍、グラフィックパフォーマンスでは9倍の速さを実現している。2つ目の特徴として、iPad2の表側と裏側に動画対応の内蔵カメラを設置し、テレビ電話などの機能を充実した点を挙げている。さらに3つ目の改良点として、厚みと重量が減少した点を挙げている。厚さでは33%減の9ミリ弱とiPhone4よりも薄くなり、重量では約590グラムと1割以上iPadよりも軽くなっている。ジョブズはこうした改良点を強調した上で、iPad2の価格を従来価格(499～829ドル)に据え置くことにも言及している(図表3－1－⑧)。

2・13▼ジョブズのCEO退任とイノベーションの源泉の喪失

2011年8月、ジョブズは自らの意思でCEOを退任する旨を発表する。ジョブズが取締役会に送った手紙の中で「私は、アップルCEOとして職務と期待が果たせなくなる日が来た場合、最初にあなたたちに伝えると兼ねてからいってきた。残念ながらその日がやって来た。ここにアップルCEOを辞任する。取締役会が適当であると判断すれば、会長、取締役、アップルの社員として仕えたい。私の後継者については、我々の後継プランを遂行し、ティム・クック氏を次期CEOに強く推薦したい。この先、アップルの最も輝かしく革新にあふれた日々が来ることを信じるとともに、私は新たな役割の中でアップルに貢献すること、アップルの成功を見届けられることを楽しみにしている。私はアップルで過ごした日々の中で最良の友人を作ることができた。そして、長年にわたりあなたたちと働くことができたことを感謝する」と述べている。この声明を受けて、アップルはジョブズが会長職に退き、後任としてクックがCEOに就任することを発表している。これはジョブズが声明の中で言及している後継プランであり、当面はジョブズが会長職に留まり戦略や新たな製品コンセプトの提言をはじめとして、経営面などでクックへの助言が可能であることから、アップルの経営管理や戦略は実質的には継続されるものと見られていた。しかし、こうした見方は程なく打ち消される。2011年10月、アップルはジョブズの死去を発表する。この声明の中で、取締役会は「スティーブの才能、情熱、そしてエネルギーは、全ての人々の生活を豊かにし改善するための数限りないイノベーションの源泉となってきた。スティーブのおかげで、世界は計り知れないほど豊かになった」と述べ、ジョブズの功績を称えている。アップルのこれまでの快進撃を支えてきた原動力は、まさにジョブズが持つ無類の創造力や発想力、洞察力、指導力、統率力であることから、ジョブズの死去はアップルにとって経営の歴史的な転換点になる可能性が高い。ジョブズの死去により、アップルがイノベーティブかつクリエイティブな能力を維持できなければ、アップルはこれまでの成長・拡大戦略から、経営の大きな戦略シフトを余儀なくされるであろう。アップルは先の2011年8月に、米国株式市場で時価総額が一時エクソン・モービル（Exxon Mobil Corporation）を抜いて全米第一位になったばかりである。アップルにとっては会社の価値を最も高めた立役者を時価総額全米第一位になった時期とほぼ同時期に経営の最前線から失ったことは皮肉といわざるを得ないであろう（図表3－1－⑨）。

3 事業領域と戦略の検証

アップルの成長戦略を語る上で、事業領域の検証は重要な意味を持つ。ここでは、まず、アップルの柱となる4つの事業領域を明らかにし、それぞれの事業領域がいかなる事業モデルを取っているか検証する。特に、市場が成長段階にある場合、垂直統合モデルが優れている点について、iPadのマルチタッチスクリーンを例に取り、実証的な考察を試みる。その上で、各事業領域がこれまでアップルにとって投資戦略の対象となっていたことをGEマトリクスで示すとともに、将来的にどの事業がアップルにとって優先的な投資戦略の対象となり得るか分析を試みる。

図表3-2 ▶アップルの2010年売上高における事業別構成比

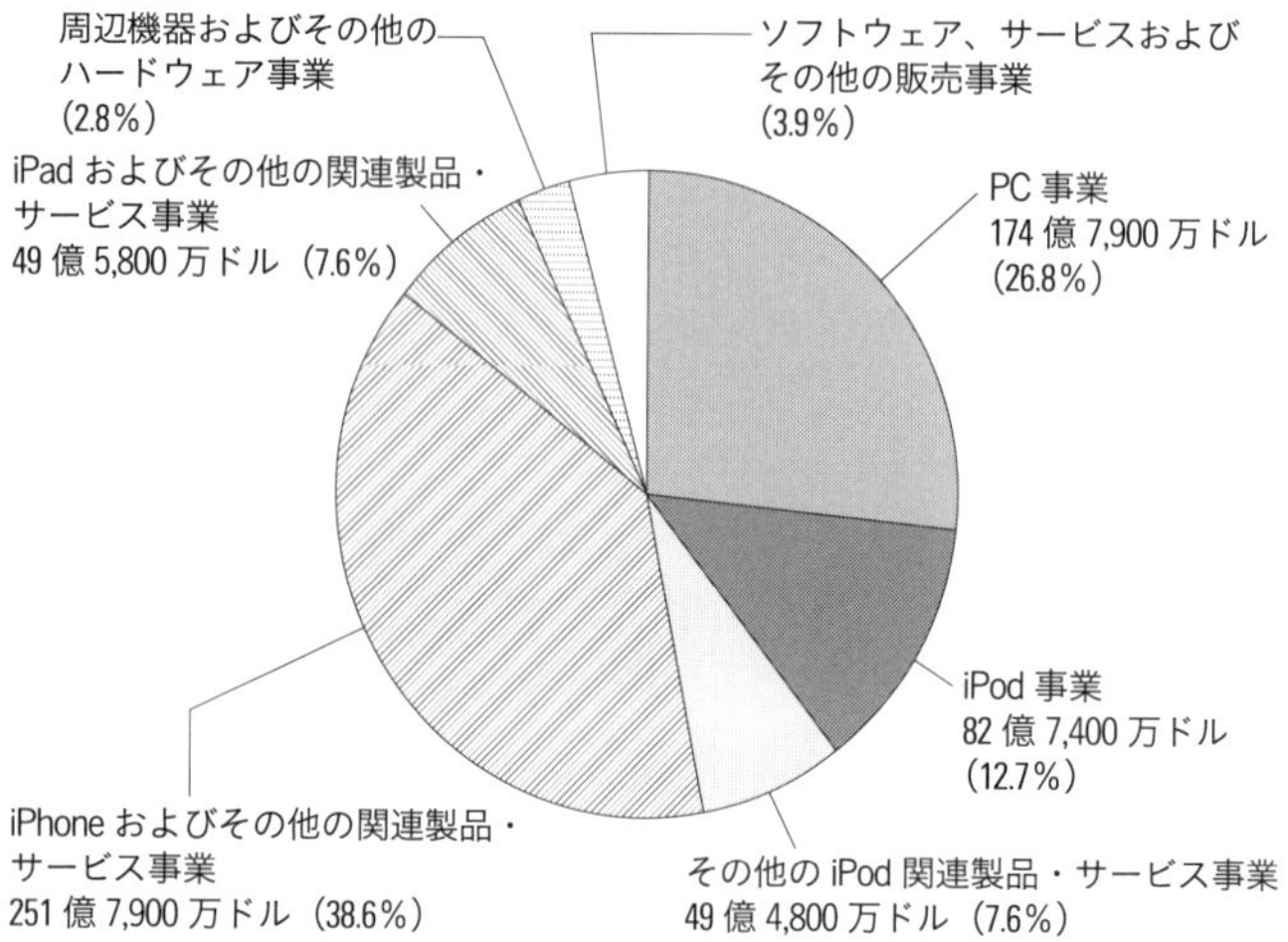

出典：Apple Annual report 2010

3・1 ▶ 事業領域としての４つの柱

アップルは２０１０年に６５２億２５００万ドルの売上高を達成している。図表３-２は、その売上高の内訳を示している。この図から読み取れるように、現時点でアップルの持続的な成長を可能とする事業活動の領域、すなわち、事業領域は大きく４つに分けることができる。まず、１番目の大きな事業は、iPhoneおよびその他の関連製品・サービス事業（iPhone関連事業）である。iPhone関連事業の売上高は２５１億７９００万ドルに達しており、売上高の４割弱を占めている。２００７年の販売開始後わずか４年で、ＰＣ事業を抜きアップルのトップセールス商品に成長している。

アップルの2番目の事業領域はPC事業である。iPhone関連事業にトップを明け渡したものの依然として売上高の4分の1強を占めていることから、主力商品として位置付けることができる。PC事業の売上高構成比を見てみると、ポータブルの売上高が112億7800万ドルで、デスクトップの売上高（62億100万ドル）の約2倍となっている。

3番目の事業領域は、iPod事業とその他のiPod関連製品・サービス事業（その他のiPod関連事業）である。特筆すべきは、その他のiPod関連事業である。iPod用のアクセサリー商品市場がiPodエコノミーと呼ばれているように、アップルでも売上高で大きな柱へと成長しつつある。

4番目の事業領域は、iPadおよびその他の関連製品・サービス事業（iPad関連事業）である。iPadが米国で販売開始されたのが2010年4月であることを考えれば、2010年の売上高49億5800万ドルは驚異的である。このペースで売上高が伸びれば、iPhone関連事業を抜く日もそう遠くはないであろう。

3・2 ▸ 事業モデルとイノベーション

アップルの持続的な成長を可能にする4つの事業領域、すなわち、iPhone事業、PC事業、

図表3-3▶アップルの事業領域と事業モデル

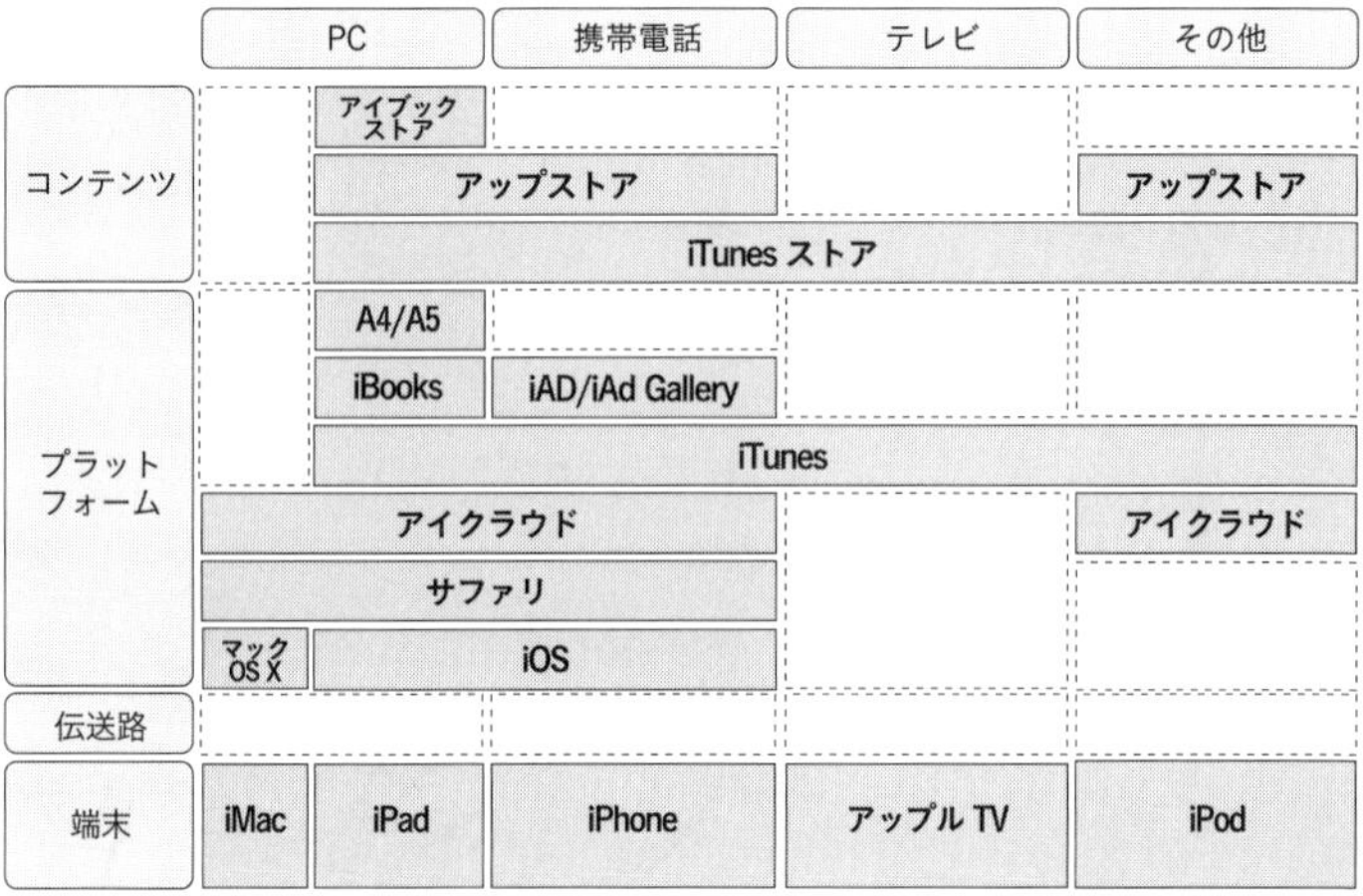

iPod事業、iPad事業は、いかなる事業モデルを取っているのであろうか。図表3-3は、アップルの事業領域と事業モデルを示した図である。この図から、iPhone事業、iPod事業、iPad事業の3つの事業が通信レイヤーにおいて、端末、プラットフォーム、コンテンツを垂直統合した事業モデルであることが理解できる。iPhoneにしても、iPodにしても、iPadにしても、いずれもイノベーティブな製品である。市場が成長段階にある場合、垂直統合モデルが優れているというクリステンセンの考えはこのケースに当てはまる。垂直統合モデルのメリットは一貫生産にあり、図表3-3で示した各通信レイヤーが相互にチューニングを必要とすることで、最終製品の性能を最大限に引き出せることにある。たとえば、iPadにおけるマルチタッチスクリーンの最適な操作性は、CP

U、OS、アプリケーション・ソフト、ハードの全てのデザインが相互にチューニングされることで確保されている。これまで、アップルはOS、アプリ、ハードと全て自社で開発してきたが、iPadではCPUも自社開発している。すなわち、アップルは1ギガヘルツのアップルA4を設計しiPadに搭載した。CPUやOS、アプリ、ハードが分業体制でそれぞれ調達されると、各パーツの特性を活かした最終製品を生み出すことは極めて難しいが、アップルはこうしたそれぞれのパーツ間のトレードオフ（trade-off）の関係性の中で、垂直統合により最良なバランスを見付け出し、最終製品の性能を最大限に引き出す試みを怠らない。高速で繊細なタッチ操作の実現は、ハードとソフトの充分な最適化が図られている証しであり、最適化されたインターフェースの素晴らしさは垂直統合モデルの賜物である。このように、垂直統合モデルはイノベーションを生み出すのに適しており、アップルはこの垂直統合モデルにより、これまで多くのイノベーティブな製品を開発してきた。そのほとんどの製品が業界構造に劇的な変化をもたらしたという意味で、破壊的イノベーションにあたる。iPodは利便性が高く手頃な価格であったため、無消費の顧客、すなわち、デジタルオーディオプレーヤーを持たないPCユーザーなどをターゲットにしてこれを攻略し新市場を創造するに至った。また、iPadはノートPCのローエンドモデルであるタブレットPCとして市場を広げつつ、既存のPC市場をもカーニバライズしている。

3・3▼事業魅力度と戦略オプション

いかなる製品・サービスも常に競合製品との差別化を維持していくのは難しい。アップルの4つの主力事業も例外ではない。過去、現在、将来にわたり投資戦略の対象となるか否かは、4つの事業が業界でどの程度の魅力度を有するのか、また、社内で事業戦略上の地位がどの程度高いのかにより変わってくる。それでは、アップルの4つの主力事業は、今後経営戦略上どのようなポジショニングを取っていくと考えられるであろうか。図表3-4は、GEマトリクス（General Electric Matrix）によるアップルの事業魅力度と戦略オプションを示したものである。図の横軸には「業界の魅力度」を取り、当該業界における市場規模、マーケット成長率、競合事業者数、参入障壁（Barrier to entry）、業界利益率などの要素を指数化してプロットしている。ただし、要素ごとの重み付けはマーケット成長率のウェイトを5割として算出している。一方、図の縦軸には「事業単位の地位」を取り、当該事業の売上高、競合他社と比較したマーケットシェアによる競争順位、製品の質と信頼性、流通網の順位（販売店舗数）などの要素を指数化してプロットしている。ただし、要素ごとの重み付けは売上高のウェイトを5割として算出している。基本的に各事業の事業魅力度の変遷を、過去、現在（2010年）、未来（2015年）の3つのポイントでプロットしているが、iPad事業は2010年に開始されたばかりであるため、現在と未来の2ポイントと

図表3-4 ▶ GEマトリクスによるアップルの事業魅力度と戦略オプション

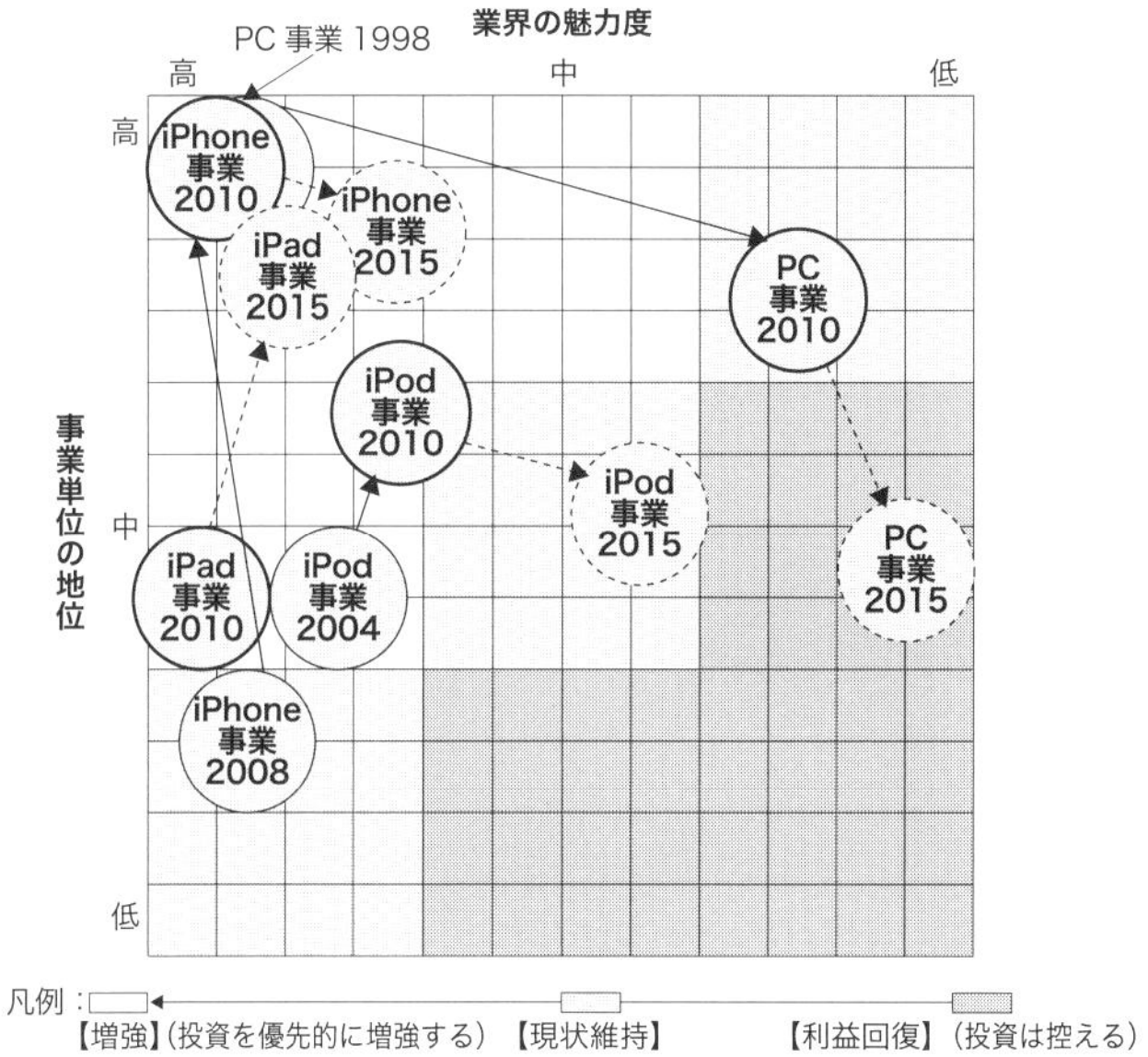

した。また、過去のポイントについては、それぞれの事業において事業開始年ではまだ実績がなく算出が困難なため、iPhone事業はiPhone3GSの発表年（2008年）に、iPod事業はiPodミニの発表年（2004年）に、また、PC事業はiMacの発表年（1998年）にそれぞれ設定している。

図表3‐4では、2015年におけるアップルの主力事業がiPad事業であることが読み取れる。2015年には、タブレット市場の魅力度がやや減少するものの減少幅が小さいことから、iPadの製品完成度をさらに高めることに注力すれば、継続し

て収入を見込むことができるであろう。2015年におけるもう一つの主力事業としてiPhone事業を挙げることができるが、ここでは業界の魅力度の増減率が変化することに注意する必要がある。今後5年間におけるスマートフォン業界の魅力度は、上昇傾向から緩やかな減少傾向へと変化していくことから、iPhoneの競争優位性を確保するために新たな差別化を図る必要性が出てくる。iPhoneの機能追加や性能レベルの向上、さらにはアプリの一層の充実といった継続的な企業努力が不可欠となり、競合に打ち勝つための効率性の高い投資が期待される。これら2つの事業に比べ難しい選択を迫られるのがiPod事業である。iPod事業は2015年までの間に、事業単位の地位に加え業界の魅力度も高位から中位にポジションを下げることから、これまでのように投資の優先的な増強が見込めなくなる。コモディティ化(commodification/commoditization：日用品化)へと進展する過程において、どの時点で投資を中止し投資回収にまわるべきか難しい選択に迫られるであろう。

◇――コモディティ化に至る競争基盤の進化

日常生活では、さまざまな製品が買われ消費される。顧客は購入したい製品を選ぶ際、製品を比較し自分の希望に合致する製品を見つけ出そうと試みる。それでは、顧客はどのような基準で製品を選ぶのであろうか。また、顧客の選択基準(競争の基盤)は変化するのであろうか。製品の選択基準は、「機能」から「信頼性」へ、さらには「利便性」から「価格」へと進化することが多い。『イノベーションのジレンマ』の中でクリステンセンは、破壊的技術の重要な性質のひとつが、こうした競争基盤の変化の先触れであることを、ウィンダミア・アソシエーツによる購買階層の製品進化モデルやジェフリー・ムーアが自著の『クロッシング・ザ・キャズム』で展開する考えを用いて説いている。

「機能」に対して市場の需要を満たすような製品が存在しない場合では、製品の選択基準は製品の「機能」になり易いが、やがて「機能」に対する市場の需要を十分に満たす製品が幾つも市場に現れると、もはや「機能」に基づく製品選択は不可能となり、「信頼性」に基づく製品選択を行うようになる。

「信頼性」に対する市場の需要がメーカーの果たす「信頼性」を上回るうちは、「信頼性」を基準にして顧客は製品を選択するが、市場が求める「信頼性」を満たすまでメーカーによる改良が進められると、選択の基準は「利便性」へと変化し、顧客は使い勝手の最も良い製品を選択するようになる。

同様に、「利便性」に対する市場の需要がメーカーの果たす「利便性」を上回る間は、「利便性」を基準に製品選択されるが、市場の需要を十分に満たすような便利な製品がメーカーにより供給されるようになると、選択の基準はやがて「価格」へと変化する。

このように、顧客による製品の選択基準は、「機能」から「信頼性」、「利便性」へと変化し、最終的には「価格」へと移るが、「価格」による製品選択が進み、製品が安価に手に入れられるまでに日用品化すると、そうした一般消費財はもはやコモディティ化し差別化特性は失わてしまう。

4 ▸▸▸ iPodの功績

2001年にiPodが発売される前の音楽市場はハード媒体によるサービス提供が中心であった。そもそもレコードやCDによる音楽ソフトを消費者の手元に届けるには、作詞・作曲、録音（レコーディング）、製造（プレス）、流通などの事業工程が存在する。これら全てもしくは一部の事業工程はレーベル（レコード会社）によりカバーされている。iPodはこれらの事業工程の中で、特に製造と流通に大きな変革をもたらした。両者の事業工程において、直営で大量生産した音楽ソフトをCDショップへ搬送し販売する場合には、自力で生産設備やCDショップを設置しなければならない。そのため、レーベルとして音楽市場へ参入するためにはある程度の資本が必要とされる。だが、iPodの出現はこれらハード媒体の製造やCDショップの設置を必要としなくなった。つまり、iPodという電子媒体（data storage device）はCDやCDプレーヤーといったハード媒体のみならず、CDショップなどの販売チャネルをも破壊に至らしめた。これにより、音楽市場への参入が容易になったことはiPodの大きな功績である。

5 iPadの競争戦略とデジタル・ライフスタイルの新たな方向性

iPad事業の競争戦略とはいかなるものであろうか。ここでは、まず、ポーターが提唱する5つの競争要因分析（Porter's five forces analysis）に従い、iPadの対象市場を仮に電子書籍リーダー市場と置いた場合、iPadがどのような競争上のポジションを取り、いかにして優位性を確保するか検証する。その上で、iPadの機能特性を分析し、iPadがデジタル・ライフスタイルに欠かせない7つの機能を備えた汎用性の高い情報端末であることを示すとともに、iPadが新たなデジタル・ライフスタイルの方向性を示唆するイノベーティブな製品であることを明らかにする。併せて、iPadの収益構造についての分析も試みる。

5・1▼iPadの戦略ポジショニング

ポーターの5つの競争要因分析では、市場に働く5つの要因を検証することにより、業界構造の特徴や自社の戦略ポジショニングを明らかにすることができる。業界の競争における5つの要因とは、サプライヤーの交渉力（bargaining power of suppliers）、買い手の交渉力（bargaining power of buyers）、競合他社との競争関係（intensity of rivalry among competitors）、新規参入の脅威（threat of new entrants）、代替品・サービスの脅威（threat of substitute products）である。

図表3－5は、アップルの米国電子書籍リーダー市場進出における5つの競争要因分析結果である。この中で特に注目したいのは買い手の交渉力である。進化の早い現代のビジネス環境では、買い手の嗜好変化は激しく多様化が著しい。そこで、買い手の交渉力の2番目に、「買い手が音楽を聴くなど他のタスクを行いながら電子書籍を読むライフスタイルを持つ場合、マルチタスク機能（multitasking）が装備されたタブレットPCでないと、魅力的な商品として受け入れてもらうのは難しい」を挙げた。当初iPadにはマルチタスク機能が備わっていなかったが、2010年11月にアップルがiPad、iPhone、iPod touch用OSの新バージョンとしてiOS 4.2.1を発表したことで、iPadはマルチタスクに対応できるようになった。これにより、iPadの利便性はさらに広がる。通常優先されないアプリはバックグラウンドで一時停止状態になるが、バックグラウンド・プロセ

図表3-5 ► アップルの米国電子書籍リーダー市場進出における5つの競争要因分析

□アップルに追随して、他のメーカーがタブレットPC型の電子書籍リーダーを市場に投入してくる
□電子書籍リーダー機能だけを持つローエンドモデルの事業者が市場に現れ、コモディティ化する
□機能や技術の標準化もしくはコモディティ化により、新規事業者との差異化を維持するのが困難になる

□米国ではアマゾンやソニーを中心に多くの事業者が市場に参入しており、競争はかなり激しい
□電子書籍リーダーの機能特性に差異がなくなり競合間で差別化が図れなくなる
□営業部門や流通システムの必要性が下がるため変動性が下がり、電子書籍が価格競争へ向かう可能性が高まる

④新規参入の脅威

①サプライヤーの交渉力　**③競合他社との競争関係**　**②買い手の交渉力**

□電子書籍に配信してくれる出版社の争奪戦が過剰になる
□新人作家発掘の主戦場になる
□出版社を通さずに作家と直接契約を結ぶ契約形態が主流になり、既存の流通形態が排除される
□作家の参入障壁が低くなり、競合が増えることで、サプライヤーの交渉力が低下する可能性がある

⑤代替品・サービスの脅威

□電子書籍にリーダーによる書籍配信が主流となり、代替品としての脅威が高まる
□電子書籍リーダーが出版業界を一層効率化し、市場規模を拡大する

□電子書籍リーダー機能以外にも多くの機能を備えているというだけでは、買い手のニーズに合致しない。端末料金が安く、良質な画質で電子書籍単価の安い電子書籍端末でないと電子書籍リーダー機能だけを求める買い手を惹きつけることは難しい
□買い手が音楽を聴くなど他のタスクを行いながら、電子書籍を読むライフスタイルを持つ場合、マルチタスク機能が装備されたタブレットPCでないと、魅力的な商品として受け入れてもらうのは難しい
□電子書籍リーダーを通じて、買い手と直接接触できるようになるため、流通チャネルの交渉力が弱まる
□電子書籍リーダーにより、書籍の内容やサプライヤー情報が容易に得られようになるため、買い手の交渉力が高まる

ス（background process）を用いることにより、同時にアプリを立ち上げ2つのアプリを並行して利用できる。つまり、音楽を聴きながら電子書籍を読むことができるわけである。読書を楽しみながら操作メニュー表示に従い音楽の音量を調節できるといった機能こそ、買い手がタブレットPCに求める機能であり、アップルはいち早くこれを実現した。アップルはマーケティング面で顧客の志向にタイムリーに応えることで、確実に自社製品の戦略ポジションを向上させている。

5・2▼iPadの特性とイノベーション

ジョブズが言及したように、iPadはスマートフォンとノートPCの間に広がる需要の取り込みを狙った製品のひとつである。この市場には、幾つかに分類できるカテゴリーが存在する。これらのカテゴリーを図示すると図表3－6になる。図では7つのカテゴリーがポジショニングされている。7つのカテゴリーとは、ノートPC、タブレットPC、ネットブック、スマートフォン、携帯ゲーム機、電子書籍リーダー、デジタル音楽プレーヤーであり、iPadはここではタブレットPCに属する。iPadは発表当初電子書籍リーダー機能が強調されたことから、キンドルと競合する電子書籍リーダーとして注目された。しかし、電子書籍リーダー機能はiPadの1機能に過ぎないことから、iPadはWEBブラウジングや電子メール、映画、音楽、ゲームなど、多目的な用途

図表3-6►モバイル端末の市場セグメンテーション

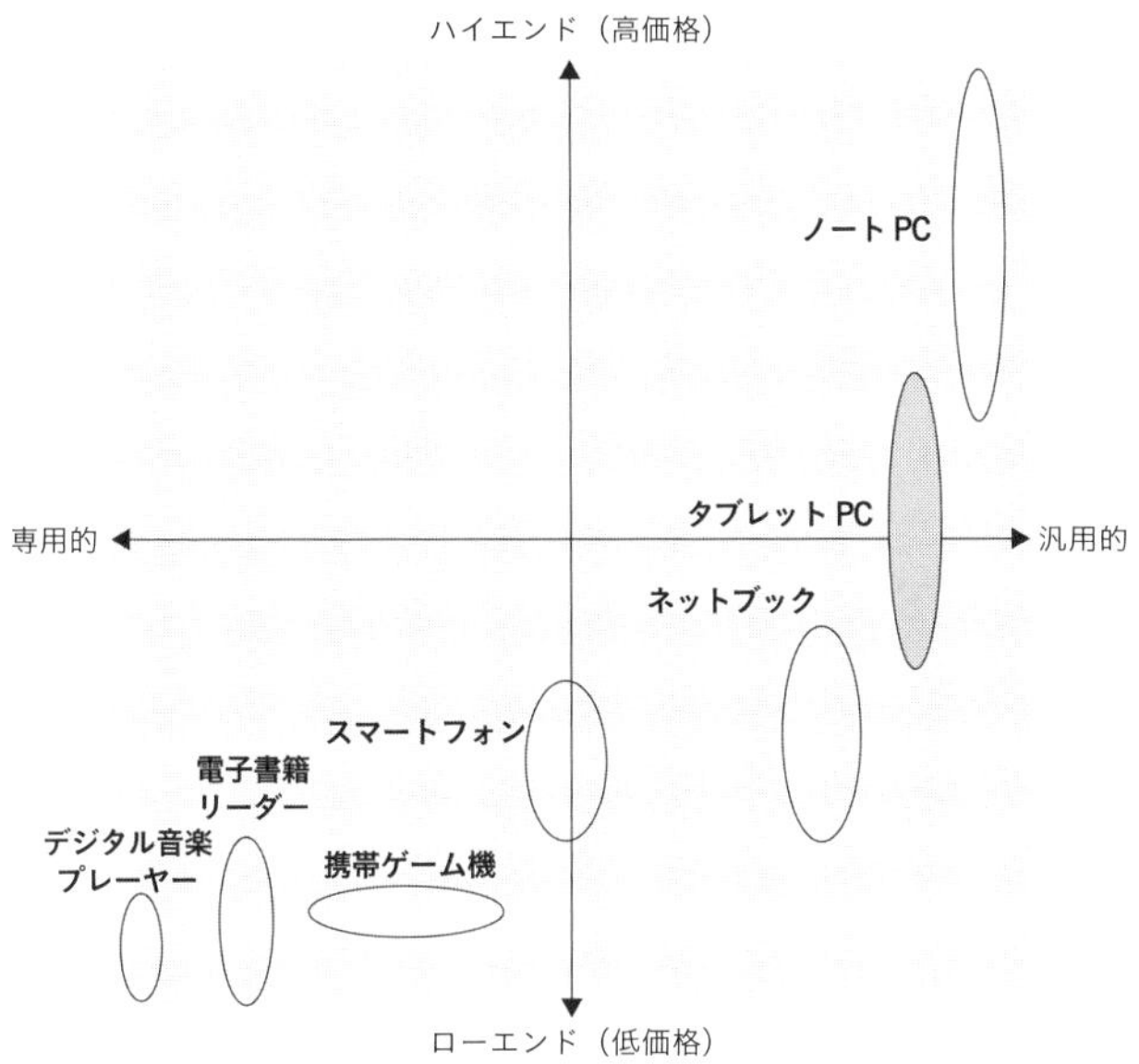

に利用できる汎用デバイスであると位置付けられる（図表3－7）。

従来のPCや携帯電話の需要が世界的に伸び悩む一方で、ネットブックやスマートフォンなどの市場が急成長している。ネットブックはノートPCのローエンドモデル（low-end model）であり、スマートフォンは携帯電話の高機能モデルであることから、最近では安くて機動性に優れた高機能端末の需要が高まりつつある。PCと携帯電話の長所を併せ持つこうした端末の登場が、潜在需要の掘り起こしをもたらした。この潜在需要の巻取りこそジョブズが提唱するデジタル・ライフスタイル戦略の狙

図表3-7►モバイル端末の用途比較

市場分類	主要提供メーカー	価格帯	機能 ネット閲覧	動画・映画等	音楽	ゲーム	電子書籍	電子メール	写真	分類
ノートPC	デル・HP・エイサー等	5~12万円台	◎	◎	○	○	○	○	○	汎用的
iPad	アップル	4~8万円台	○	◎	○	○	◎	○	○	↑
ネットブック	エイサー・アスース等	3~5万円台	◎	○	△	△	○	○	○	
スマートフォン	RIM・ノキア・アップル等	3~4万円台	○	△	○	○	△	○	○	
携帯ゲーム機	任天堂・ソニー等	2万円前後	△	△	△	◎	△	○	×	
電子書籍リーダー	アマゾン・ソニー等	1~3万円台	△	×	×	×	◎	○	○	↓
デジタル音楽プレーヤー	アップル・ソニー等	1~2万円台	×	×	◎	×	×	×	×	専用的

凡例　◎：利用し易い　○：利用できる　△：利用し難い　×：利用に不向き

いであり、iPadやiPhoneには、今日のデジタル・ライフスタイルにこの上ない快適さを提供する汎用機能が装備されている。こうした快適さを提供するために、ジョブズは7つの機能が重要であると説いている。7つの機能とは、図表3－7で示すように、ネット閲覧、動画、音楽、ゲーム、電子書籍、電子メール、写真である。iPadはこれら7つの機能全てを兼ね備えている。iPadは、9.7インチの高解像度(1024×768ドット)ディスプレイを採用しているため、映画やミュージックビデオなどの映像を見るのに理想的である。また、画面サイズが携帯電話よりノートPCに近いことから(iPhoneの約6倍)電子書籍の閲覧に適しているし、ソフトウェアキーボード(virtual keyboard)の採用により携帯電話端末に比べキーボードが大きいことから文章入力にも適している。

快適さをもたらすこうした機能の実現により、iPadが端末との距離感に新たな感覚をもたらした点は、iPadのイノベーティブな特徴のひとつでもある。これまで見てきたように、iPadは製品としてのポジショニングをスマートフォンとノートPCの中間に置いて開発されたデバイスである。これを人と端末との距離に置き換えて考えると、PCでは60センチ前後、スマートフォンでは20センチ前後の距離感をとっているのに対し、iPadでは両者の中間距離である40センチ前後をとっている。iPadはこの距離感で人がWEBサイトを「読む」行為を、また、電子化された書籍や新聞を「読む」行為を、さらには、映画などの動画を「視聴する」行為をタブレットPCとして実現するに至った。iPadはモバイル端末でありながら、PCやテレビなど他のメディアが持つディスプレイ品質を確保して、「見る」距離感から「読む」「視聴する」距離感へと変化をもたらした。こうした変化はデジタル・ライフスタイルの新たな方向性を示唆するものである。

5・3 ▸ iPadの収益構造

米調査会社アイサプライ(iSuppli)によると、iPadの部材・製造コストは、229・35ドル～346・15ドルであるという。このうち、最も利益率の高い機種はiPadの中位機種(3G機能付き)で、部材・製造コスト278・15ドルに対し小売価格が729ドルで利益率は約60%となっている。アップルの全製品の平均利益率が概ね33％であることを考慮すると、iPadの利益率は極めて高い。これは、アップルの全製品の中でiPhone3GS（16GB）の利益率約70％の次に高い数値である（iPhone3GS〔16GB〕の部材・製造コストは178・96ドル）。ただし、利益率算出に際しソフト開発費は含まれていないので、ソフト開発費を含めるとさらに利益率は下がるが、当然ながら出荷数の増加に応じて1台当たりのコスト負担は減ることになるので、ソフト開発費の1台当たりのコスト転嫁率は出荷台数次第となる。部材コストの中では、ディスプレイとタッチスクリーンインターフェースを合わせたコストが80ドルで最も高く約29％を占めている。これはiPadが高品位ハイビジョンテレビで採用されているIPS液晶ディスプレイ方式を採用しているためである。広い視野角と斜めからの角度でも色の変移が少ない美しいディスプレイの実現は、顧客の購買意欲を煽る訴求ポイントとしては十分であり、その費用対効果は大きい。

6 iPhoneの競争戦略と市場展開

スマートフォン市場においてiPhoneは、いかなる競争上のポジショニングを取るべきであろうか。ここでは、まず、ポーターの5つの競争要因分析を用いて、iPhoneのいかなる機能が、スマートフォン市場で競争優位性を左右する要因であるかを明確にする。特に、競争優位性を左右する要因の中でアプリ開発に焦点をあて、なぜ開発者がアップストア向けにアプリ開発を試みるかについて、2つの大きな側面から検証する。併せて、iPhoneの収益構造についての分析も試みる。

6・1 ▶ iPhoneの戦略ポジショニング

アップルは、携帯電話業界とりわけスマートフォン市場の競争要因から上手に身を守り、アップルが有利となるようにその要因を動かせるポジションをスマートフォン市場の中に見付け出すことができるであろうか。業界の構造分析を検証しながらアップルが競争要因を動かせるポジショニングを検証してみたい。

図表3－8は、アップルのスマートフォン市場進出における5つの競争要因分析結果である。まず、サプライヤーの交渉力の「他社のアプリストアとの間でアプリ開発者が競合する」であるが、現時点での各社のアプリ提供状況を見てみれば、アップストアがアプリ市場で競争優位の地位を築きつつあることが理解できる。2011年7月のアップルの発表によると、アップストアは42万5000種類以上のアプリを提供している。しかも、アプリの累計ダウンロード数は

図表3-8►アップルのスマートフォン市場進出における5つの競争要因分析

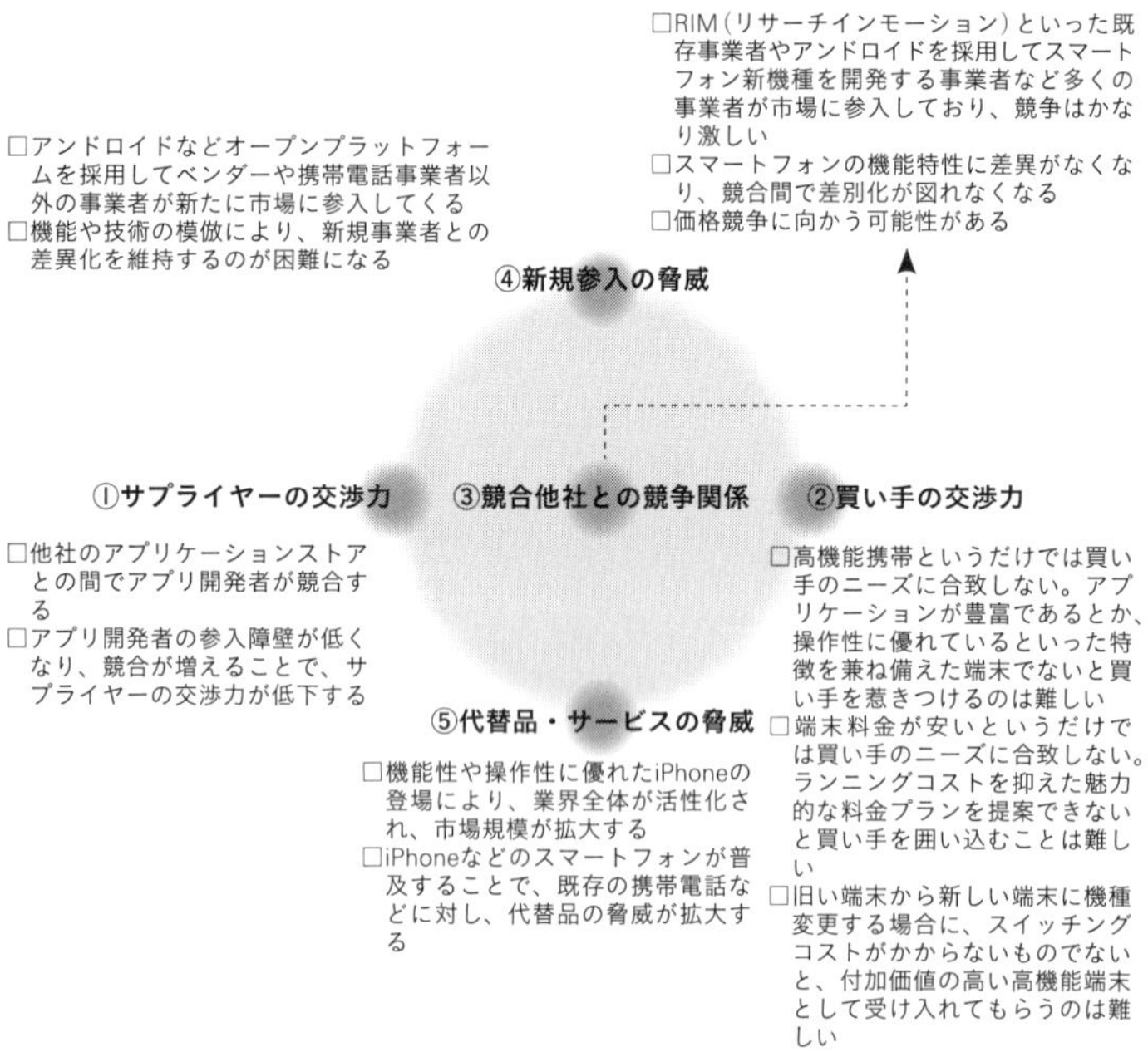

□RIM（リサーチインモーション）といった既存事業者やアンドロイドを採用してスマートフォン新機種を開発する事業者など多くの事業者が市場に参入しており、競争はかなり激しい
□スマートフォンの機能特性に差異がなくなり、競合間で差別化が図れなくなる
□価格競争に向かう可能性がある
□アンドロイドなどオープンプラットフォームを採用してベンダーや携帯電話事業者以外の事業者が新たに市場に参入してくる
□機能や技術の模倣により、新規事業者との差異化を維持するのが困難になる
④新規参入の脅威
①サプライヤーの交渉力
③競合他社との競争関係
②買い手の交渉力
□他社のアプリケーションストアとの間でアプリ開発者が競合する
□アプリ開発者の参入障壁が低くなり、競合が増えることで、サプライヤーの交渉力が低下する
□高機能携帯というだけでは買い手のニーズに合致しない。アプリケーションが豊富であるとか、操作性に優れているといった特徴を兼ね備えた端末でないと買い手を惹きつけるのは難しい
□端末料金が安いというだけでは買い手のニーズに合致しない。ランニングコストを抑えた魅力的な料金プランを提案できないと買い手を囲い込むことは難しい
□旧い端末から新しい端末に機種変更する場合に、スイッチングコストがかからないものでないと、付加価値の高い高機能端末として受け入れてもらうのは難しい
⑤代替品・サービスの脅威
□機能性や操作性に優れたiPhoneの登場により、業界全体が活性化され、市場規模が拡大する
□iPhoneなどのスマートフォンが普及することで、既存の携帯電話などに対し、代替品の脅威が拡大する

150億ダウンロードを突破し、アップルがこれまでアプリ開発者に支払った金額は25億ドルを超えている。アップストアは2008年7月に約500種類のアプリでサービスを開始したことから、3年でアップルはこの数値を達成したことになる。これに対し、アップルを2番手で追うグーグルは、2011年5月の時点でアンドロイドマーケットのアプリ提供数が20万種類を超え、累計ダウンロード数は45億件に達している。アンドロイドマーケットは急速に伸びているものの、規模ではまだアップストアに劣っている。それでは、

なぜアップルは短期間のうちに42万種類以上ものバリエーションに富んだアプリを開発させることができたのであろうか。それはアップストアがアプリ開発者にとって魅力的な条件を兼ね備えていたからである。中でも特に魅力的なのが課金・料金回収システム（billing system）である。開発者にとって重要なのは、自分が開発したアプリが売れた場合、ユーザーに課金して料金を回収し報酬を開発者にきっちりと分配してくれるかである。この点アップストアは、開発者が約80カ国分の税金書類を準備しさえすれば、開発したアプリを即座に販売でき、販売完了後アップルがユーザーの利用料金を回収して、売上の7割をレベニューシェア（revenue sharing：収入分配）して開発者に入金してくれる。iPhoneの人気の秘密がアプリにあることを考えれば、アプリの提供数はスマートフォン市場で競争優位性を左右している重要な要因のひとつであると理解できる。したがって、アップルとしては、アプリ開発側のユーザー・グループにアプリ開発者が多く集まりアプリの開発数が増加することで、顧客側のユーザー・グループに顧客がさらに多く集まるといった、いわゆるネットワークの外部性が両方のユーザー・グループ間で働く構造を維持するために、アプリ開発者に魅力的な条件を提供し続ける必要がある。

一方、買い手の交渉力では、まず、図表3-8の1番目に挙げた「高機能携帯というだけでは買い手のニーズに合致しない。アプリが豊富であるとか、操作性に優れているといった特徴を兼ね備えた端末でないと買い手を惹きつけるのは難しい」について考察してみる。買い手の交渉力で検証したように、アップストアが提供するアプリは、今のところ、開発数とバリエーションにおいて競合他社を圧倒している。では、操作性についてはどうか。マルチタッチディスプレイによるピンチイン・ピンチアウト、ダブルタップ、スワイプといった買い手を魅了する操作性の良さは、アップルが最初に創り出したオリジナル操作である。この操作性の良さは、顧客の購買意欲につながっていることから、スマートフォン市場で競争優位性を左右する要因のひとつであると考えられる。だが、最近では競合他社が類似の端末機種を開発して、それらの機種をスマートフォン市場に投入しつつある。模倣により競合他社は自社製品のポジショニングを一時的に高めることできるため、アップルとしてはバージョンアップもしくは新しい操作方法を開発しないかぎり、差別化による競争優位のポジションを維持できなくなるのは明らかである。

買い手の交渉力において考察するべき2番目の項目は、「旧い端末から新しい端末に機種変更する場合にスイッチングコスト（switching cost：乗り換えコスト）がかからないものでないと、付加価値の高い高機能端末として受け入れてもらうのは難しい」である。一般的に、旧い端末から新しい端末に機種変更する際に、ユーザーは旧い端末でパーソナル化したデータをそのままの形で新しい端末で使用したいと考える。大抵の端末は同じ携帯電話会社であればほぼこれが可能であるため、差別化は図れない。しかし、一般的には新しい機種の性能向上に伴い旧い端末と新しい端末との間で操作方法や機能に一貫性や連続性がなくなるため、ユーザーのこれまでの経験値が活かされない場合が多い。この点において、アップルは差別化が図られている。たとえば、iPhone3GSからiPhone4に機種変更する場合、両方の端末間で操作方法や機能に一貫性や連続性が存在するため、以前と同じようにパーソナル化されたアプリや音楽、電話帳などのデータを利用することが可能である。このように、iPhone同士の機種変更であれば、極めて低いスイッチングコストを体現できる。こうした点はユーザーの利便性の向上を図る上では効果が高いが、購買意欲を働かせる直接要因にはならない。よって、iPhoneのスイッチングコストの低さはスマートフォン市場で競争優位性を左右する直接的な要因ではないと理解できる。

6・2 ▶ iPhoneの特性とイノベーション

iPhoneが進化する背景には、バリエーションに富んだアプリケーションの存在がある。アップルは、2008年7月、アップストアを開設した。アップストアはiPhoneやiPad、iPod touch向けにアプリをダウンロードできるオンラインストアである。開発者は、アップルがアプリの開発者向けに用意したSDK（Software Development Kit）と呼ばれるアプリ開発に必要なツールセットを活用してアプリを開発する。開発されたアプリは、アップルの審査基準を満たすとアップストアに並べられる。この一連のプロセスを通過して、アップストアに並ぶアプリのラインアップは、現在42万種類を超える。なぜ開発者はアップストア向けにアプリ開発を試みるのであろうか。

1つ目の理由は、アップストアの出現がソフトウェアの流通にイノベーションをもたらした点にある。現在、ユーザーはアップストアのアプリをiOSを採用するアップルの3つのデバイス、すなわち、iPhone、iPad、iPod touchで利用できる。これら3つのデバイスの出荷台数は現在世界で約1億8700万台に達している。開発者がひとたびアプリを開発すれば、こうした1億8700万台以上の販売チャネルを通じて、開発者は自分で何もすることなく自己の開発アプリを販売し報酬を得ることができる。一般的には、ソフトを開発するとマーケティング・ミックスをプランニングし遂行しなければ、販売には漕ぎ着けられない。すなわち、価格設定に始まり、製品パッケージ、ストック管理、販売チャネル、プロモーションといった一連のマーケティング活動全てを開発者自身でこなさなければ、開発したソフトを販売することはできない。だが、アップストアを利用すれば、こうしたマーケティングに関わる煩わしいプロセスを割愛して販売に漕ぎ着けられる。このように、マーケティング活動に関わる稼働や経費がかからないというのは、開発者にとって大きなメリットである。

開発者がアップストア向けにアプリを開発する理由は他にもある。開発者にとって魅力的な収入分配システムの存在である。アップストアで用意されているアプリは大きく2種類に分類される。有料アプリと無料アプリである。有料アプリがユーザーによりダウンロードされると、ユーザーにアプリ代金が課金される。開発者は販売価格の70％を報酬として受け取ることができ、残り30％はアップルの取り分になる。開発者にとってこうした比率が明確に設定されているのは魅力的である。アップルがこのレベニューシェアを設定した後、ウィンドウズ・マーケットプレイス（Windows Marketplace）といった他のアプリストアもこの比率を踏襲したため、今ではこの比率が業界のスタンダードとなっている。最近では、開発者がこうしたデファクトスタンダード（de facto standard：事実上の標準）な収入分配率に不満を示していることから、近い将来7：3の分配率が見直される可能性もある。

それでは無料アプリはどうか。収入分配を受け取れる有料アプリに比べ、無料アプリを開発する魅力はあるのだろうか。その理由は広告収入にある。無料アプリでもダウンロード数が多ければ広告媒体としての価値が上がるため、広告パートナーを獲得できる。そのため、無料アプリ開発者にも広告収入が入る。このように、無料アプリ開発者にとって、広告収入というかたちで報酬を受け取れる点は大きな魅力である。また、無料アプリのダウンロード割合が増加しているのも、無料アプリ開発を促進する上で大きな要因となっている。米調査会社のピラミッドリサーチ（Pyramid Research）が2010年6月に発表した調査結果によると、携帯電話における無料アプリのダウンロード割合は2008年から2009年にかけて約30％から54％に上昇しており、2014年にはこの数値が80％まで上昇すると予測している。

技術面から見たiPhoneの特性として、iPhone4に搭載したレティーナディスプレイ（retina display：網膜ディスプレイ）を挙げることができる。レティーナディスプレイは高精細表示を可能にしたディスプレイであり、品質としては紙媒体による印刷物と同じくらい文字や写真を美しく繊細に表示し楽しむことができる。特に、映像などの画像は非常に見易くなっている。iPhoneも他のスマートフォンと同様に、PCと同じWEBブラウザ技術を搭載していることから、フルサイズのインターネットにアクセスできるため、WEBサイトの画像シーンを見る際にはこのレティーナディスプレイの効果が一段と発揮されることになる。

6・3▼iPhoneの収益構造

iPadの収益構造でも言及したように、アイサプライによると、iPhone3GS（16GB）の部材・製造コストは178・96ドルで利益率は約70％に達している。アップルの全製品の中で最も利益率が高い製品である。こうした利益率を上乗せしたiPhone3GS（16GB）の正規販売価格599ドルは、通常の携帯電話より価格が高めに設定されていることから、アップルは分割払いや販売奨励金（incentive）を利用することで販売価格を安く見せるなどして、ユーザーの初期費用の負担軽減を図っている。

アップストアにおけるアプリ開発者とアップルのレベニューシェアが7：3の割合になっている点については、先に言及した通りである。最近ではこうした収入分配率に不満を示している開発者が多く、アプリストアを通さずにアプリを直接販売する方法をとる開発者も現れ始めている。アップルではこうした傾向に歯止めをかけるために、2010年9月にコンテンツなどの制限を緩和した。収入分配率についても近い将来見直しがかかることが予想されるが、無料アプリで十分な収入が見込めないことを考えると、アップルとしては有料アプリでの収入をできるだけ現在に近い水準で維持するか、もしくは別の収益モデルの仕組みを新たに見つけ出す必要に迫られることになろう。

また、アップルは将来的な収益源として、モバイル広告市場に参入し新たな収益モデルの確立を試みようとしている。アップルは2010年4月にiADを発表した。iADはiPhone4向けに開発されたiOSに組み込む広告プラットフォームである。iADの主な特徴は、広告クリック時に別サイトに移動せず、フルスクリーンの高品位な映像やインタラクティブな広告をアプリ内で配信できる点や、広告の作成にHTML5が使われFlashが排除されている点などである。特筆すべきは、iADの広告料の高さである。アップルはiPhoneのブランド力を活かし、iADの出稿料金を同種の広告契約の業界相場よりも5～10倍の高さに設定し、iADに高いプレミアム性を持たせている。実際に、日産LeafのiADなどを見ると、動画、アニメーション、3D表示されるメニューなど、リッチコンテンツとして作り込まれた動画広告としての完成度は高く、消費者には魅力的に映る。アップルはこのiAD の配信を2010年7月から開始することを発表し、さらに、2011年4月には、iAd Galleryという新たなアプリをアップストアで公開している。iAd Galleryでは、新たに作られたiADに加え 2010年7月の配信開始以降に作られた全てのiADの一覧を閲覧できるようになっている。今後、アップルとしては、グーグルのAdMobとの差別化を図りながら、iADのビジネスモデルを確立することが急務となろう。

第4章 アマゾンの戦略とイノベーション

アマゾンは1994年の創業以来お客様第一主義を掲げ、オンラインショップを拡充する一方でロジスティクス（logistics）を構築し、ネットとリアルの両面からインターネット・ビジネスを展開してきたドットコム企業である。アマゾンがオンラインショップで取り扱う商品は実に豊富で、書籍をはじめ、CD、ソフトウェア、エレクトロニクス、生活用品など多岐にわたる。アマゾンはカスタマーレビューやレコメンデーション機能といったオリジナル機能を開発しオンラインショップに取り入れるなどして、ロングテールを実現しニッチ市場の開拓を果たしている。近年ではキンドルを開発し電子書籍市場で新たな需要を掘り起こしつつある。このように、アマゾンがリアルとネットの両面でインターネット・ビジネスを展開し成功できたのはなぜであろうか。アマゾンの戦略と独創力の源泉を検証してみたい。

1 企業理念と企業戦略

アマゾンが考える企業としての信条と目指すべき方向性は、アマゾンのホームページ（http://www.amazon.com）に掲載されている「Amazon and Our Planet（アマゾンと地球）」で述べられている。すなわち、「アマゾン・ドットコム（Amazon.com）は、革新的なアイデアこそ世界を変える力だと信じています。地球で最もお客様を大切にする企業を目指す当サイトは、世界各国版のWEBサイトでお買い物をする個人のお客様、当サイトのプラットフォーム上で商品を提供する販売者の方々、当サイトのインフラを使用してビジネスを作り出す開発者、当サイトで販売される書籍の著者、CDや映画のクリエーターなど、さまざまなお客様のために、革新を起こす新しい方法を常に模索しています。このようなコアとなる事業活動を展開することは、直接かつ最大限に、社会に貢献できる道であると考えています」である。革新的なアイデアこそ世界を変える力であるという基本戦略を着実に踏襲してきたアマゾンは、今や世界最大のオンラインショップに成長し、これまでに多くの点でイノベーションを重ねてきた実に革新的な企業である。

アマゾンがこうした基本戦略を進めていく上で、基盤となっているのが企業文化（corporate culture）である。アマゾンで働く人々には「種をまいて大きな木へ育つのをじっくり待とう」という心構えがあり、アマゾンの創業者であるベゾスはこうした企業文化を誇りに思っている。ベゾスはこれまでの経験から、新規事業の種をまいてから利益が出始めるまでには、必ずというわけではないがおおよそ5年から7年くらいはかかると述べている。また、企業が戦略を考える上で、競合他社や技術仕様など移ろい易い要因を戦略の土台に立てていては、土台そのものがすぐに揺らいでしまうため、土台そのものを書き替えなければならなくなる。こうした観点から、ベゾスは創業以来一貫してお客様第一主義（customer-focused）の実践を社内に浸透させてきた。お客様にとって望ましい選択肢は何か（お客様の知恵）を常に問い続けることこそ普遍の真理に通じる。このように長期間にわたって安定していそうなものを見つけ、それを行動の拠りどころにするのがアマゾンの神髄であり企業文化である。ベゾスは、後世の人たちから「産業界に本物の顧客志向を浸透させた」として称えられる企業を築くのが自分の夢であると述べている。この夢をアマゾンが企業として持ち続けるかぎり、アマゾンの企業文化は今後ますます強化されていくに違いない。競合他社が模倣できなければ、こうした企業文化はアマゾンにとって大きな競争優位の源泉となる。企業文化を踏まえた上で戦略を考えることが重要であり、それは戦略が企業文化に従うことに他ならない。

2 経営と製品進化の軌跡

創業以来17年間、アマゾンは持続的な競争優位を達成するため、多くの試練と挫折を経験してきた。その理由はアマゾンがネットの世界で起業したビジネス形態そのものにあった。アマゾンはリアルの書籍販売ビジネスなどをそのままネットに持ち込んで、インターネット・ビジネスの展開を試みた。だが、そこには2つの大きな脅威が潜んでいた。ひとつは既存書籍小売店という競合の存在であり、もうひとつは全体最適を目指したロジスティクスによるコスト拡大である。このように、アマゾンは外部環境と内部環境の両方に脅威を抱えつつ、インターネット・ビジネスをスタートしたが、こうした脅威の存在がやがてアマゾンの経営に大きな影響を及ぼすことになり、アマゾンは収支の黒字化を達成するのに設立から9年を費やすことになる。だが、アマゾンはオンラインショップの製品ラインアップを拡充するといった事業拡大戦略や低価格戦略を採用するなどして、徐々に競合との差別化を図る戦略を打ち出していくことで、持続的な競争優位を築くようになっていく。製品進化の軌跡とともにアマゾンの戦略シフトを詳細に検証していく。

2・1▼アマゾンの生い立ち

アマゾンは、1994年7月、ジェフ・プレストン・ベゾス（Jeffrey Preston "Jeff" Bezos）により設立された。設立当時の社名はCadabra.com（カダブラ・ドットコム）であったが、Cadabraがcadaver（死体）に似ている点を友人に指摘されたことから、社名をAmazon.comに改名している。ベゾスはアマゾンを設立する以前は、ヘッジファンド会社D・E・ショー&カンパニー（D. E. Shaw & Co.）で上級副社長を務めていたが、当時インターネットが一般に普及し始めた時期であったことから、ベゾスはEコマースが大きなビジネスになると考え、1994年にこの会社を退職しアマゾンを立ち上げている。

1995年6月には、アマゾン・ドットコム・インコーポレーションをWEB上に創設し、WEBサイトとして創業した。ベゾスはアマゾンがWEBサイトで取り扱う商品について、最初から書籍に決めていたわけではない。当初、ベゾスはインターネットで販売する商品を20品目に特定し、その後5品目に絞り徹底的な市場調査を実施した。5品目とは、書籍、ビデオ、CD、コンピュータのソフトウェアとハードウェアである。ベゾスは品目決定の最終判断基準を価格設定とオフライン市場規模の2点に設定した。特に、価格設定については商品が売れそうであることを考慮しつつ、オンライン購入の際決済に対して顧客が抱く不安を相殺するといった観点から、低価格の商品が望ましいと結論付けた。こうして選ばれたのが書籍である。書籍を選択した理由は何よりも書籍が安価であること、また、書籍のタイトル数が世界で約300万に及び、オフラインの市場規模が小売市場で考えると820億ドルに達していることなどであった。ベゾスは当初よりインターネットが持つ潜在性を高く評価しており、米国では、当時、大規模書店でも20万ほどのタイトル数しか取り扱えていなかった書籍数を、オンライン書店ならその何倍もの取り扱いが可能であるとの特性をあらかじめ理解しており、当初の4、5年は利益が出ない事業である点を見通していた。

会社の拠点については、メジャーな書籍流通業者が拠点を置いている州に近い州であることや州税が非課税であるなどの観点から、ワシントン州のシアトルに置かれた。アマゾンの創業はこのシアトルのとあるガレージで、ベゾスと社員3名でオンライン書店に必要なソフトウェアの製作から始まった。

2・2▼ベンチャー・キャピタルによる出資と株式公開

1996年6月、アマゾンはクライナー・パーキンズ・コーフィールド・アンド・バイヤーズ（Kleiner Perkins Caufield & Byers：KPCB）から800万ドルの出資を受けることになる。KPCB

と競合したベンチャー・キャピタル（venture capital）はハンマー・ウィンブラッド（Hummer Winblad Venture Partners）であった。

1997年5月、アマゾンは赤字経営であったにもかかわらず、ナスダック全米店頭市場に普通株式の上場を果たす。アマゾンの初値設定13ドルに対して18ドルで値決めされた（図表4－1－①）。翌日は80ドルまで株価が高騰したが25・5ドルで引けた。こうして、アマゾンは上場を果たしたものの、ロジスティクスに依存するビジネスモデルをとっていたことから、巨大な配送センターに莫大な先行投資がかかるため、事業開始から長年にわたり赤字を計上し続けた。このため、アマゾンは社債（corporate bond）や転換社債（convertible bond）を発行して資金を調達することで、こうした状況を打開するよう試みた。このように、アマゾンは利益が出ない会社である上、社債や転換社債の発行により何年もの間バランスシートが改善されなかったため、多くの機関投資家はアマゾンを敬遠した。

2・3▼取扱商品の拡大とロジスティクス

アマゾンは創業当初、インターネットで販売する商品を書籍に限定しオンライン書店として事業を開始したが、書籍分野で成功したノウハウを活かして、その後取扱商品を次々に増やし

図表4-1 ▶アマゾンの株価推移（1997〜2011年）

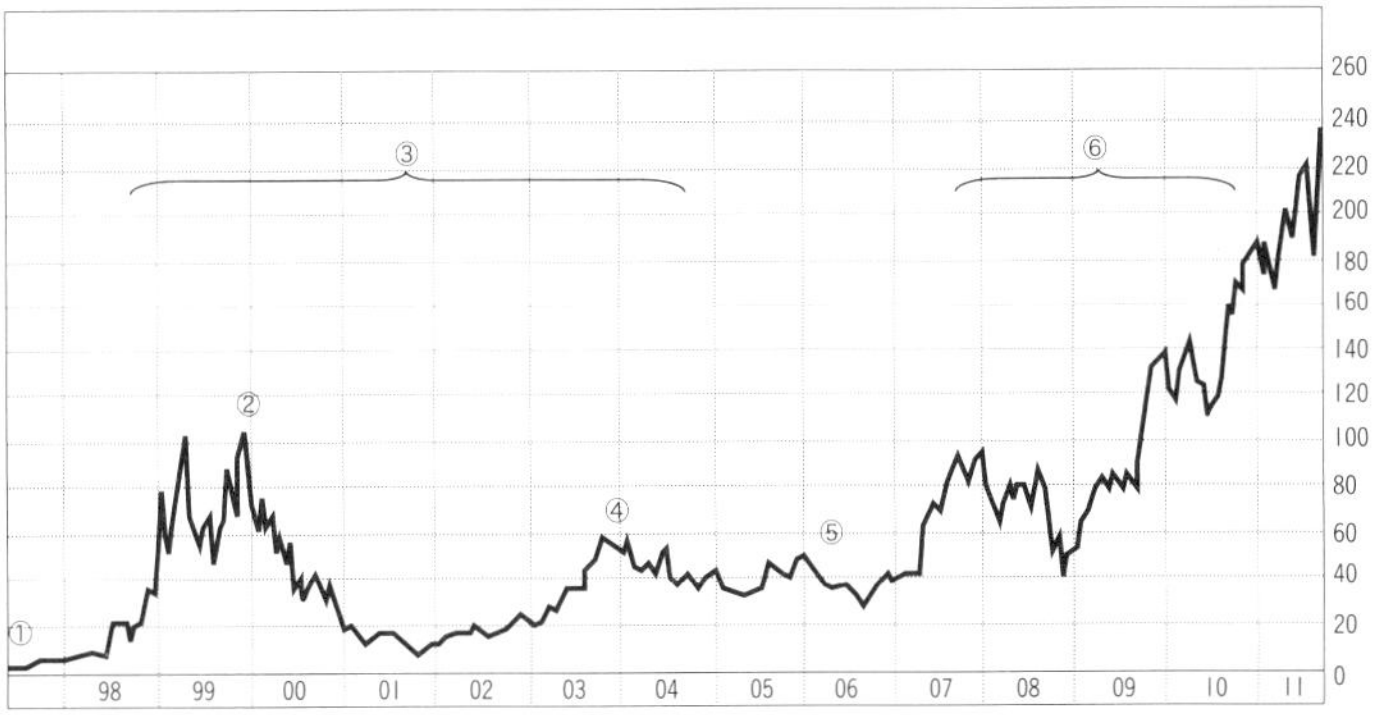

出典：Google finance（2011年10月31日）より作成

ている。1998年6月にはアマゾン・ドットコム・ミュージックストア事業を、11月にはアマゾン・ドットコム・ビデオストア事業をそれぞれ開始している。

さらに、1999年までにはオンラインのオークションサービス（1999年3月開設）をはじめとして、ソフトウェアやエレクトロニクス、電化製品、玩具など従来のオンラインビジネスにない新たなジャンルの製品を取り扱うようになり、取扱数を450万アイテムに伸ばしている。これらの取扱商品は、基本的にメーカーや卸売り業者などから直接購入することで確保され、新品だけでなく中古品や再生品もこれらの事業者から購入し、取扱商品の対象を増やしながら販売している。このように、アマゾンは創業以来事業拡大戦略を急ピッチで推進してきた。この根底には、拡大戦略の推進により事業基盤を早期に固めることが既存の業界大手ブランドの追随を許さないことにつながるといったアマゾンの思惑が隠されている。

こうした取扱商品の拡大に伴い、アマゾンは全米に専用の巨大なフルフィルメント・センター（fulfillment center：倉庫・発送センター）を多数開設している。1997年にデラウェア州ニュー・カッスルに開設後、1999年にはネヴァダ州ファーンリー、カンザス州コフィービル、ケンタッキー州キャンベルズビルおよびレキシントン、ノース・ダコタ州グランドフォークスならびにジョージア州マクドナウに開設している。こうしたフルフィルメント・センターは、アマゾンのようなロジスティクスに依存するビジネスモデルを採用する事業者にとっては、自社と顧客とを結ぶ生命線であるといえるが、必要な物資を必要なタイミングで必要な場所に届ける全体最適化（total optimization）された物流システムが機能しないと、稼働率の低下を招き収益を圧迫することになる。実際、後にアマゾンはロジスティクスの見直しを行い、アトランタ郊外のフルフィルメント・センターとシアトルのカスタマサービスセンター（Customer Service Center）の閉鎖を発表している。

他方、アマゾンの物品管理はフリーロケーションというシンプルかつ効率的な方法が取られている。たとえば書籍の管理方法を例にとると、アマゾンでは出版社やジャンルといったカテゴリー別で書籍を配置していない。アマゾンでは書籍の棚入れに際し、書籍に付けられたバーコードと棚のバーコードをホストコンピュータにあらかじめ登録し、書籍を取りに行く際ホストコンピュータから携帯端末へ情報を送り、その書籍の所在を把握する方法を取っている。こうした方法を取ることでカテゴリー別に分けるという余分な手間を省いている。

このように、アマゾンは事業拡大戦略を取りつつ戦略的なロジスティクスの基盤を固めながら、1999年末までに顧客数を1690万人に増やし、顧客のリピート率を70％以上に伸ばすまでになった（図表4－1－②）。

全体最適と部分最適

企業が経営戦略を進める上で、組織やシステム全体の最適化を図ること、すなわち、全体最適を実現するのは容易でない。なぜなら、組織やシステムはそれぞれの部署や機能の最適化を図ること、すなわち、部分最適(suboptimization)を優先するため、企業全体の効率性を優先することから生じる業務内容の変更や負担の増加を受け入れるのを拒むからである。組織やシステムにおける部分最適を受け入れると、それぞれの業務機能の生産性は上がるが、企業全体の生産の流れが停滞し効率性の低下を招く恐れがある。

製品生産を例に取ると、販売部門では、顧客が希望する期日までに製品を納入したい意向から、生産部門には生産期日を守るよう望む。一方、生産部門は、生産コストを下げたい意向から計画的な生産を望み、販売部門に納品期日に余裕を持たせることを要求する。このように、両部門の考えが同じ方向に定まっていない場合、それぞれの部門の意向で販

図表4-2 ▶ 全体最適と部分最適の考え方

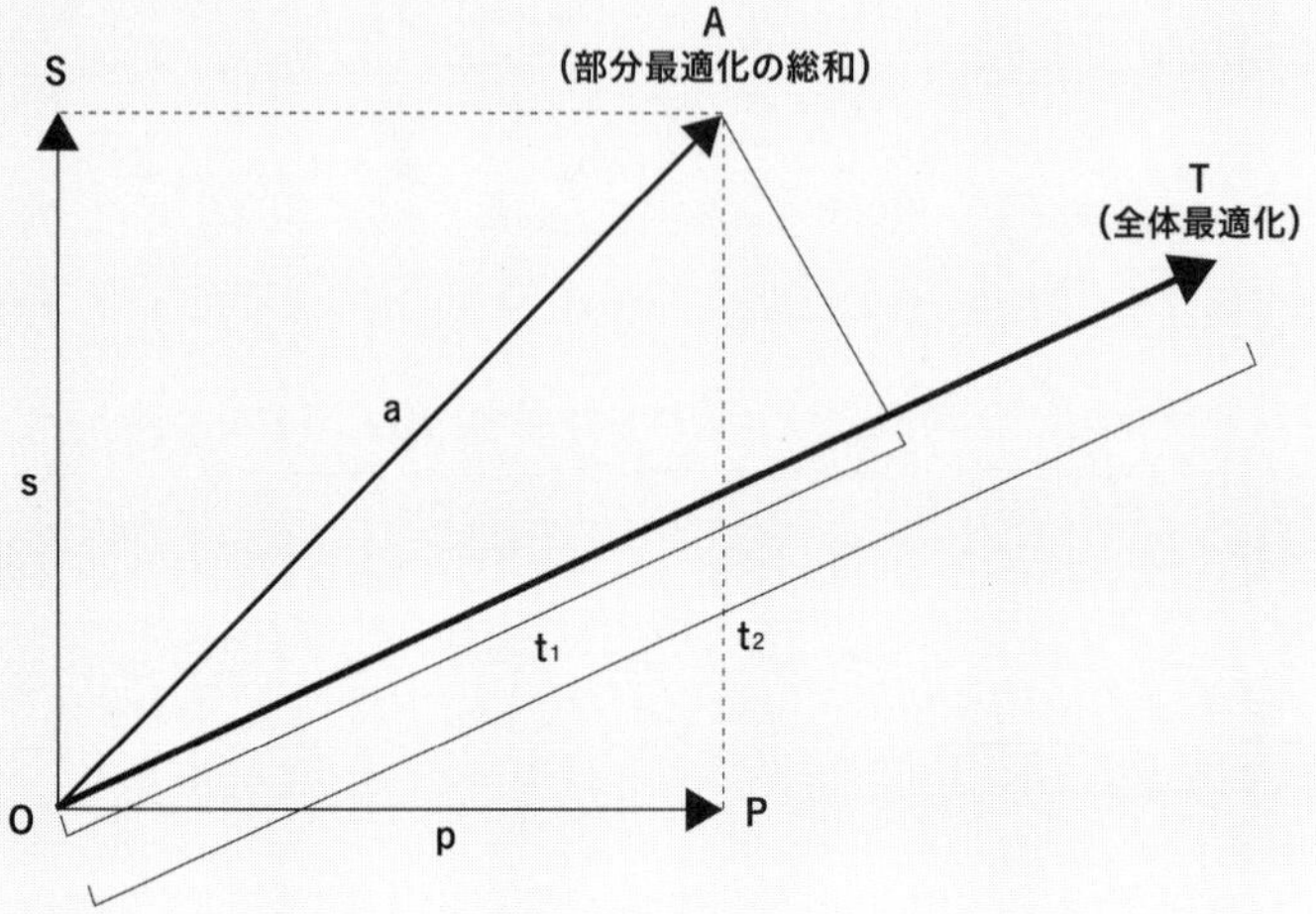

注　$a=t_1$　：AはSとPが異なる方向に最適性を見出すため（a）、全体最適の場合（t_2）よりも成果が十分に得られない（t_1）
　　$s+p=t_2$：SとPが同じ方向に最適性を見出せば、t_2の成果が得られる

売システム（図表4-2-S）や生産システム（図表4-2-P）を構築しても、部分最適にはなるが全体として最適化を達成したことにはならない。このことは、部分最適化の総和（図表4-2-A）が全体最適化（図表4-2-T）にはならないことを意味する。

全体最適化の過程では、企業の各部門や全ての従業員が進むべき方向性（図表4-2-Tの方向）を明確に定め、同じ方向に最適化されていく必要がある。それには、カリスマ性や強力なリーダーシップを持つ企業トップの任命や優れたシステムの構築などが必要となる。全体最適が良く部分最適が悪いとの判断は早計であり、部分最適の積み重ねにより全体最適を追求していくことこそが重要で、そうしたマネジメントの在り方が企業経営に求められている。

2・4▼戦略的提携と企業買収

アマゾンは設立以来急速に取扱商品を増やしてきた。こうした事業拡大戦略では、新たな市場への参入と業界に存在する機会の獲得が必要になるため、アマゾンは戦略的な提携や企業買収を積極的に進めていく。1996年に開始したアマゾン・アソシエイト・プログラム（Amazon Associates Program）では、当初10万を超える独立サイトと販売契約を締結し、アマゾンの販売チャネルを拡大する。契約を締結した中には、AOLやヤフー、ネットスケープ、ジオシティーズ、アットホームネットワーク、アルタビスタなど大手のWEBサイトとの複数年にわたる独占契約や優先契約なども含まれていた。こうした利用者の多いポータルサイトとの提携により、アマゾンは自社サイトに顧客を誘導するためのプロモーション手段を手に入れることに成功している。

1998年4月にアマゾンはインターネット・ムービー・データベース（The Internet Movie Database：IMDb）を買収後、8月には、WEBに基づいて住所録やカレンダー機能、リマインダー関連サービスを提供するプラネットオール（PlanetAll）を買収している。また、比較ショッピング技術を開発したジャグリー・コーポレーションも1998年に買収している。

さらに、アマゾンは1999年2月に医薬品などのネット販売を手掛けるドラッグストア・ドットコム（Drugstore.com, inc.）に出資し、3月にはオンラインペット用品販売のベンチャー会社であるペット・ドットコム（Pets.com）にも資本参加している。また、4月にはオークションをネットでライブ中継するライブビット・ドットコムを買収し、ネットオークションへの本格参入を果たしている。当時のネットオークション市場では、イーベイ（eBay Inc.）がリーダーとして君臨し既に成長軌道に乗っていたため、アマゾンがネットオークション市場でのシェアを獲得するためには、チャレンジャーとしての大胆な差別化戦略や価格戦略が求められたが、アマゾンは既存顧客を自社のWEBサイトからオークションサイトへ誘導することができず、アマゾンのオークションビジネスはイーベイの牙城を崩せず結果は芳しくなかった。5月には、ネット上で食料品販売を手掛けるホームグローサー・ドットコム（HomeGrocer.com, Inc.）に出資している。さらに6月には、アレクサ・インターネット、アクセプト・ドットコム、エクスチェンジ・ドットコムの3社を約6億4500万ドルで買収している。中でも、エクスチェンジ・ドットコムは書籍検索用ビブリオファインド（インターネット書店・古書）のWEBサイトを運営する会社で、この買収によりアマゾンはエクスチェンジ・ドットコムが取り扱う古書約900万冊の取得が可能となり、アマゾンが取り扱う新書と古書とのシームレスな品揃えが実現できるようになる。

２０００年8月には、トイザらス（Toys "R" Us）と一般玩具および乳幼児向け商品を販売するオンラインショップの運営契約を結び、戦略的提携を果たしている。２００１年4月には、米国ミシガン州アナーバーに拠点を置く国際的な書店チェーンであるボーダーズ・グループ（Borders Group, Inc.）との戦略的提携を発表し、アマゾンのイーコマース・プラットフォーム上で、アマゾンとボーダーズ双方のブランド名でWEBサイトを立ち上げ、アマゾンによる棚卸し、調達、サイトコンテンツおよび顧客サービスの提供により、販売促進を図る契約が交わされている。この契約は２００２年4月に見直され、戦略的提携範囲が拡張されることになる。２００５年4月には、オンデマンド出版会社であるブックサージ・ドットコムを買収し、顧客に提供可能な書籍タイトル数を着実に増やしている。２００７年5月には、米国最大の独立系オーディオブック出版社であるブリリアンス・オーディオを買収している。２００８年1月には、音声データ情報と娯楽をインターネット上で配信する大手事業者であるオーディブルを買収し、8月には、カナダの独立系書籍販売業者であるアベブックスを買収している。アベブックスは、中古、レアもの、絶版タイトルの書籍を取り扱い販売するマーケットプレイスであることから、アマゾンにとって検索しにくい本や絶版本といったニッチ市場を埋める手助けとなった。

このように、アマゾンは企業買収や戦略的提携を繰り返し、事業領域の拡大や多角化を進めてきたが、これはベゾスが主張する「消費者が欲しいと思ったモノがすぐに買えるネット上の百貨店を築く」といった最終目標を実現するための戦略そのものであった。

2・5▼バーンズ&ノーブルとの攻防

アマゾンがWEBサイトで創業した2年後の1997年5月に、米国最大の書籍小売店であるバーンズ&ノーブル(Barnes & Noble:B&N)がインターネット上に約100万タイトルの書籍を取り扱うサイトを開設している。B&Nは1965年にレオナルド・リッジオ(Leonard S. Riggio)が創業した会社で、現在は全米で700店舗を超える書店をチェーン展開しているが、ほとんどの店舗でDVDやゲーム、音楽メディアなどを併売している。B&NはB&N・ドットコムを開設した際に、アマゾンが広告のキャッチコピーとして使用している「地球最大の書店」というフレーズが事実に反するとして、広告の差し止め請求と企業イメージの損失に対する損害賠償請求の訴えを起こしている。これにより、アマゾンとB&Nとのし烈な競争が始まることになる。

B&Nは書籍の小売販売にあたり、それまで最大で小売価格を40%ディスカウントするなど、大幅なディスカウントを行う戦略で書籍販売を展開してきた。ネット市場でも業界のチャレンジャーとしてこうした価格戦略を踏襲し、市場のリーダーであるアマゾンからシェアを奪おうと試みたが、アマゾンの対応は早かった。アマゾンはB&Nに対抗するためさらなる値引きを試みる。1997年6月には書籍価格を従来の最大30%オフから最大40%オフに値下げし、40%オフの特価品を多数揃えるとともに、ハードカバーやペーパーバックの値下げも行っている。こうした価格競争はその後激しさを増し、1999年5月には、アマゾンがベストセラーの最大50%オフを発表したのに対抗し、わずか数時間後にはB&Nもアマゾンにならうことを発表するといった異例の事態に及んだ。このように、アマゾンは価格競争でB&Nに常に先行するアクションが取れたため、ネット市場でのB&Nの追随を許さなかった。B&Nがリアルとネットの両方で戦略を打ち出さなければならなかったのに対し、アマゾンは集中戦略を取りネット販売に絞って迅速に戦略を構築し実行できたことが価格競争に打ち勝てた要因でもある。

B&Nは企業買収でもアマゾンに揺さぶりをかけている。1998年11月、B&Nは米国最大の書籍卸売りであるイングラム・ブック・グループ(Ingram Book Group)を6億ドルで買収することを発表した。B&Nはこの買収でイングラム・グループが持つ11の物流センターを手に入れ、迅速な流通システムの構築を目指していた。当時イングラム・グループはアマゾンの発注の50%以上を取り扱っていたため、アマゾンはイングラム・グループが保有する配送網に大きく依存していた。B&Nはイングラム・グループを買収しても、イングラム・グループからアマゾンへの書籍の供給には変化はないと言明したが、ベゾスは早い時期に仕入れ先を分散する計画を打ち出し対抗策を講じた。というのも、アマゾンにとってイングラム・グループは書籍の主たるサプライヤーであったため、万一Ｂ＆Ｎによりこの買収が成立すれば、アマゾンのビジネスモデルに大きな打撃となることが明らかであったからである。その後、連邦取引委員会がこの買収は反トラスト法（antitrust law：米国における独占禁止法）に反すると結論付けたため、１９９９年６月にＢ＆Ｎは買収を最終的に断念する声明を出している。この件を契機に、アマゾンは書籍卸売り事業者や出版社との取引の見直しや自社配送網の拡充を急速に進めていくことになる。

アマゾンとＢ＆Ｎの争いはさらに続く。１９９９年10月、アマゾンはＢ＆Ｎがアマゾンのワンクリック技術（1-click/one-click/one-click buying）を真似ているのは非合法であるとして、Ｂ＆Ｎを提訴する。ワンクリック技術はアマゾンが開発したオンラインショッピング技術で、ユーザーが氏名や住所、クレジットカード番号などの個人情報を一度入力すれば、以後はこれらの情報を入力せずに済む便利なシステムであり、１９９９年９月にアマゾンはこの技術の特許を取得している。この訴訟はわずか２カ月ほどで結論が出され、裁判所はその年の12月にＢ＆Ｎに対して侵害行為差し止めの仮処分を出している。クリスマス商戦を前に仮処分が決定したため、Ｂ＆Ｎは決定的な打撃を受け、新技術の開発と新システム構築を余儀なくされることになる（図表４－１－②）。

2・6▼通年での黒字化達成と安定成長軌道

アマゾンは創業以来、商品の配送コストがかさみ赤字決算を続けていたが、2000年以降徹底したコスト削減を推進し配送料の無料化や商品価格の割引キャンペーンの展開でネット市場を開拓したため、2003年に初めて通年で黒字化を果たした。設立から9年目であった（図表4－1－④、図表4－3）。2003年の売上高は52億6300万ドルで前年比34％増であり、純利益は3528万ドルを達成している。特に黒字転換に寄与した成長の大部分は海外部門にあり、2003年における北米での売上高32億5800万ドルに対し、海外は20億500万ドルで売上高に占める海外の割合は38・1％であった。この比率は2004年以降上昇し44％から48％のレンジで推移している（図表4－4）。また、2003年の海外の売上高成長率は北米の18％に対し71・2％と高く、2004年には50％台を維持したものの、2005年以降は20％から30％の間を推移し、2010年には北米の数値と概ね同じ水準に落ち着いている。決算結果についてベゾスは「年間を通じた送料無料サービスの提供と低価格戦略が顧客と当社の双方に恩恵をもたらし続けている」と述べ、黒字転換が1年間のみの成果ではなく、これまでアマゾンが取ってきた戦略の賜物であることを強調している。

このように、アマゾンは2002年までは先行投資がかさみ赤字が続いたため経営状態が危ぶ

図表4-3►アマゾン・ドットコムの売上高と純利益(損益)の推移

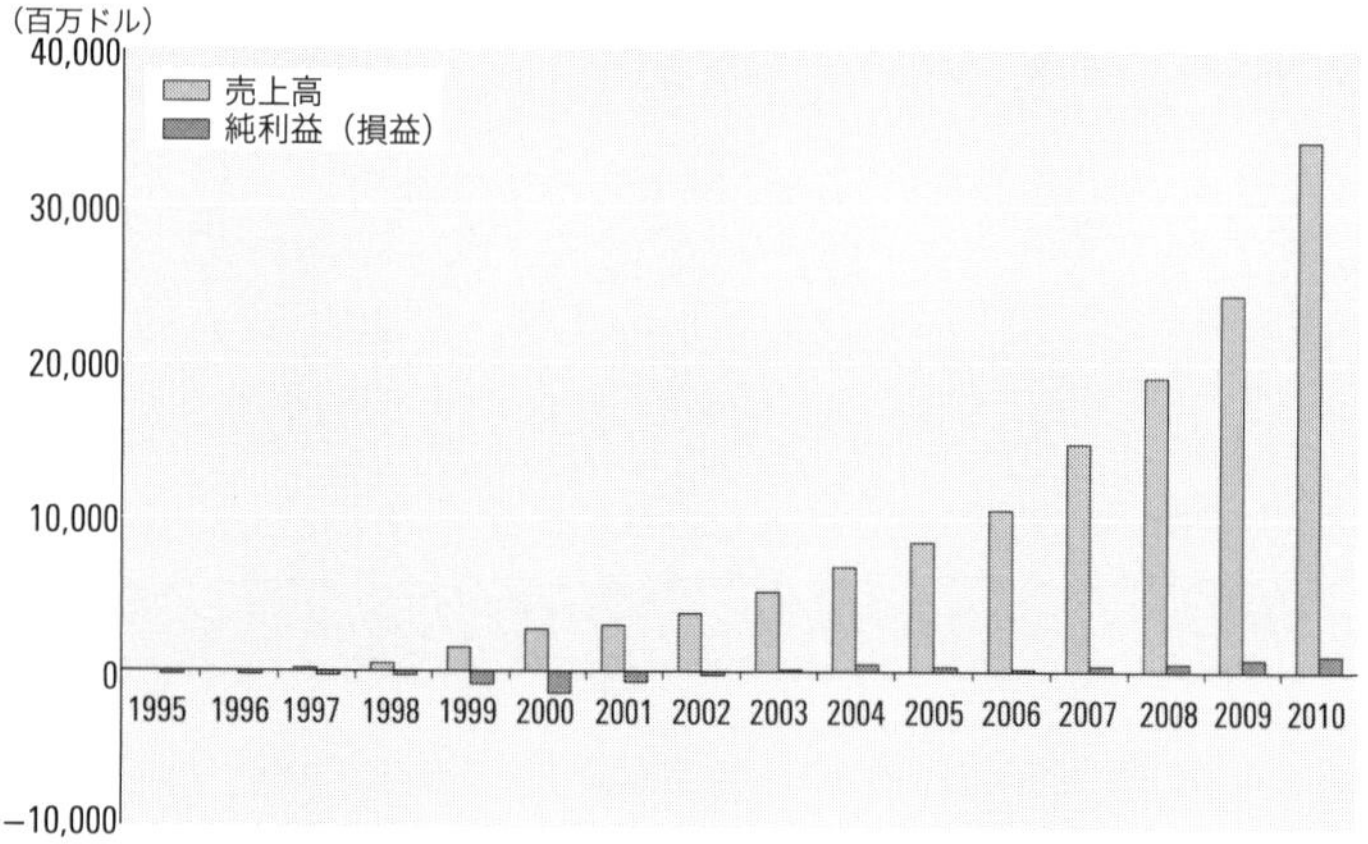

出所：Amazom.com Annual Reports and Proxies

まれたが、２００３年以降は最終損益が黒字に転換したため、利益の増加に伴いバランスシートが改善され、黒字経営の継続という安定成長軌道に乗り今日に至っている。２０１０年の売上高は過去最高の３４２億４００万ドルとなり、純利益は11億５２００万ドルを達成している(図表４－３)。また、営業利益率は４・１％でウォールマートの６％には届かないものの、2・5％前後のイオンを上回りセブン&アイ・ホールディングと同程度の水準を維持している。

2・7▼世界市場の拡大

アマゾンは米国以外でも市場を拡張している。アマゾンが米国以外で現地法人を設立してサイトを運営している国は、英国(amazon.

図表4-4 ▶ アマゾン・ドットコムの売上高に占める北米市場と海外市場の比率の推移

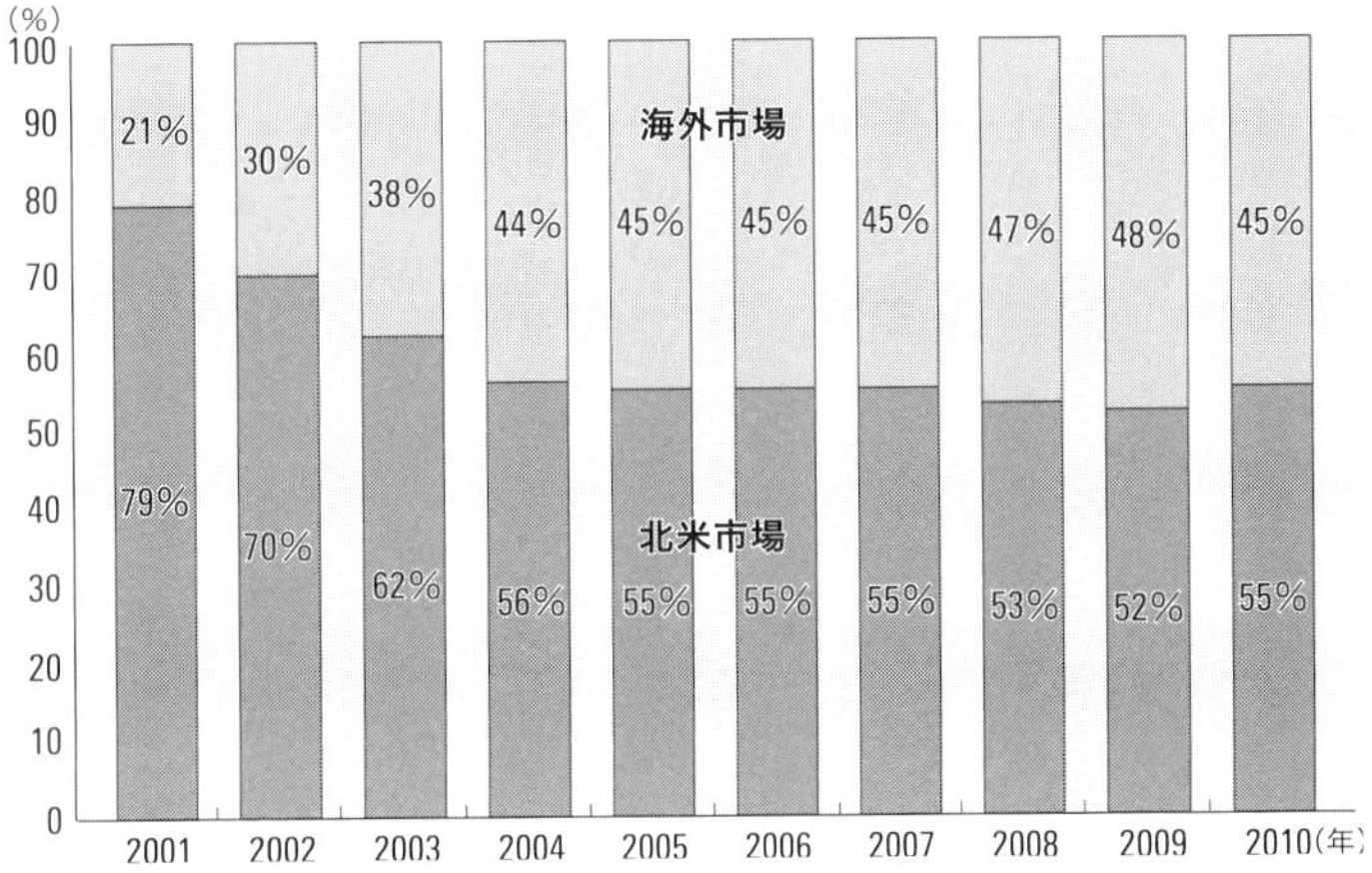

出所：Amazom.com Annual Reports and Proxies

co.uk：1998年10月開始)、ドイツ(amazon.de：1998年10月開始)、日本(amazon.co.jp：2000年11月開始)、フランス(amazon.fr：2002年5月開始)、カナダ(amazon.ca：2002年6月開始)、中国(amazon.cn：2004年8月開始)、イタリア(amazon.it：2010年11月開始)の7カ国である。

取扱商品も豊富で、CD、ビデオ、DVD、ソフトウェア、書籍、電子書籍、エレクトロニクス、家庭用品(生活用品)、食料雑貨、健康用品、美容品、玩具、宝石、時計、スポーツ用品、アウトドア用品、工具、自動車用品などアマゾンのサイトを訪問すれば生活に必要な全ての製品が手に入るようになっている。

こうした市場拡張や取扱製品の拡大に伴い、アマゾンは専用のフルフィルメント・センターやカスタマサービスセンターを世界各地に設置している。北米では米国の他にカナダのビクトリアなどに、欧州では英国のマーストン・ゲート、スコットランドのグーロック、アイルランドのコーク、ドイツのバートハースフェルトやレーゲンスブルク、フランスのオルレアンなどに、アジアでは日本の市川（千葉）や札幌、中国の北京や広州、インドのハイデラバードなどに、アフリカでは南アフリカのケープタウンに、中米ではコスタリカのヘレディアなどにそれぞれ拠点を置いており、総面積で2600万平方フィートのスペースを確保している。こうした海外事業を統括するために地域本社も各地に置いている。欧州地域の本社はルクセンブルクに、アジア地域の本社は中国の北京と日本の東京（渋谷）にそれぞれ置いている。従業員は世界で3万3700名に上り、2010年の海外での売上高は154億9700万ドル（前年比33％増）で売上高全体の45％を占めている（図表4－1－③）。

2・8▼新たな事業の展開

アマゾンの事業展開はオンライン書店に始まり、現在では豊富な品数を有するオンラインショップに至っているが、2005年以降新たな事業を展開し始める。2005年8月には、ピンゾン（Pinzon）というアマゾン独自のプライベートブランドを立ち上げ商品の販売を開始している。ピンゾンという名前は、アマゾン河を発見したビセンテ・ヤーニェス・ピンゾン（Vicente

Yáñez Pinzón）に由来している。ピンゾンブランドは立ち上げ当初、台所用品やその他の家庭用品などの商品に限られていたが、その後、顔料、カーペット、壁紙、ヘアアクセサリー、衣服、履物、帽子、宝石などに拡大している。

２００６年3月、アマゾンはアマゾンWEBサービス（Amazon Web Service：AWS）として、アマゾンS３（Amazon Simple Storage Service）の提供を開始することを発表している。AWSとは、アマゾンが保有するサーバーやストレージ（記憶装置）などの膨大なコンピューティング資源を企業などの顧客に貸し出すサービスである。アマゾンとしてはオンラインショップで培ったサーバーやストレージを効率的に利用する技術やノウハウをクラウド・コンピューティング（cloud computing）分野に活かせるため、まさに範囲の経済を利用してこの分野に参入したといえる。AWSはアマゾンが社運を賭けたサービスであったことから、事業の展開にあたり議論と検討が何度も重ねられた。アマゾンS３は大容量のストレージサービスで、顧客はアマゾンのストレージを借りて顧客自身が保有するデータを蓄えることができる。利用料金は、２０１０年11月よりAWS無料利用枠が開始されたため、5GBのアマゾンS３ストレージは最初の1ヶ月間は無料で利用できる。通常の利用料金は1GB当たり最大で月額15セントで、非常に安い価格で提供されている。また、仮想マシンレンタルサービスであるアマゾンEC２（Amazon Elastic Compute Cloud）は、顧客が自身で作成したプログラムをアマゾンのサーバーを借りて動かすことができるサービスで、アマゾン

S3と同様に利用料金が安く、サーバー1台につき1時間当たり2セントから2・48セント（米国バージニア北部のケース）となっている。このように、アマゾンのWEBサービス料金は非常に安いことから、米国ではサーバーやストレージは大手ITベンダーから高額利用するものでなく、アマゾンから安価な料金で購入するものであるといった考えが顧客に浸透したため、アマゾンは資金に乏しいベンチャー企業や中小企業を中心に顧客を増やし、今ではITインフラの主力ベンダーとしての地位を築きつつある（図表4－1－⑤）。

アマゾンはまたクラウド・コンピューティングシステムを活用して、音楽配信（楽曲管理）などのオンライン・ストレージサービスを開始したことを2011年3月に発表している。サービス名はアマゾン・クラウドドライブ（Amazon Cloud Drive）で、アマゾンのコンピュータ（クラウドドライブ）に保存する音楽などをインターネット経由で取り出し、アマゾン・クラウドプレーヤー（Amazon Cloud Player）を用いてPCやアンドロイドを搭載したスマートフォンなどのデバイスでストリーミング再生できるオンライン・ストレージサービスである。クラウドドライブにはさまざまな種類のデジタル・ファイルが収納可能であるが、機能はアップロードやダウンロードなどの基本機能に限定されているため共有機能や同期機能がなく、アマゾンMP3・ダウンローダー（Amazon MP3 Downloader）を使用する場合を除いてファイルダウンロードが1回1ファイルに制限されている。利用料金は保存容量5GBまでは無料。5GBを超えるスペースが必要な場合は最大１０００ＧＢまで割り当てを拡大できる有料ストレージのレンタルが可能で、年額20ドル（50GB）から１０００ドル（1,000GB）のレンジに価格設定されている。音楽配信で先行するアップルは音楽ファイルをユーザーのＰＣなどへ保存するのが原則で、その場合複数の機器で同じ音楽を楽しむには音楽ファイルをコピーする必要があるが、クラウドを活用することでこうした手間がかかるのをアマゾンは回避している。クラウドプレーヤーはアップルに対峙して音楽配信の新たな潮流になる可能性を秘めている。

２００７年11月には、アマゾンは電子書籍市場に参入するためキンドル（Kindle）の発売を発表している。キンドルはアマゾンが３年以上を費やして開発した電子書籍リーダーで、キンドルストアに９万タイトルの電子書籍を揃え、小売価格３９９ドルで販売開始された。発売当初かなり苦戦したことから、数ヵ月後には小売価格が３５９ドルに引き下げられている。その後、アマゾンはキンドルの改良を重ね、２００９年２月にキンドル２（Kindle 2）を発表している。書籍数は23万タイトルと圧倒的に増え、小売価格は３５９ドルに据え置かれた。その年の５月には、キンドルの上位版であるキンドルＤＸ（Kindle DX）を発表し、書籍数は27万5、０００タイトルに増え、小売価格は４８９ドルと従来版よりもやや高めに設定された。さらに、10月には世界１００ヶ国以上で購入可能なキンドル国際版を、また、２０１０年７月には、キンドル３（Kindle 3）を世界１７０カ国・地域に向けて８月から出荷開始することを発表している。キンドル３の価格は

3G+WiFiモデルが189ドルに、また、Wi-Fiのみに対応した廉価版モデルが139ドルに設定されている（図表4－1－⑥）。

3 ▶▶ 事業領域と事業モデル

アマゾンの事業戦略は、顧客中心主義に基づいて構築されている。ここでは、まず、アマゾンの事業戦略の中心がオンラインショッピング事業であることを示した上で、アマゾンの今後の持続的な成長を可能とする事業領域を明らかにし、その事業領域のドメインを、市場（顧客層）、顧客機能、技術の3つの次元で定義し成長戦略の方向性について考察する。併せて、アマゾンの3つの主力事業に共通するプラットフォーム戦略について示唆し、ロジスティクスを活用した出荷代行事業が、新たな収入源を確保する戦略プラットフォームとして着実に機能していることを検証する。

3・1 ▶ 事業領域と事業ドメイン

アマゾンは、「顧客がオンラインで買いたいと思うどんなものも見付けられ、地球上で最も顧客中心主義の企業となることを追求し、最低価格を提供するよう努力する」ことをミッションに掲げている。このミッションを達成するため、アマゾンは創業以来「地球最大のオンラインショッピング企業」を標榜し本業の定義をEコマースとしてきた。1998年以降アマゾンは事業のグローバル展開を進めてきたが、海外市場においてもこの定義を変えることなく事業展開している。したがって、Eコマース事業はアマゾンの事業戦略において上位に位置付けられ、その戦略における一貫性や整合性は保持されている。

2010年のアマゾンの売上高は342億4000万ドル（前年比40%増）で、うち北米市場（米国とカナダ）が187億1000万ドルであるのに対し、海外市場は154億9700万ドルとなっている。売上高に占める海外の割合は45%であるが、図表4－4に示す通り、データが存在する2001年以降この割合は年々伸び、2009年には48%と最高値に達している。現在海外市場はイギリス、ドイツ、日本、フランス、カナダ、中国、イタリアの7カ国であるが、今後海外市場の拡大が続けば売上高に占める海外市場の割合は北米市場を上回ることが十分予想されるため、海外市場はアマゾンにとって成長が見込める有望な市場であると考えられる。

アマゾンの持続的な成長を可能にする事業活動領域を海外市場とした場合、アマゾンの今後の海外市場展開にあたっての事業ドメイン（business domain）は、市場（顧客層）、顧客機能、技術の3

つの次元で定義できる。すなわち、アマゾンが価値を提供する対象としての市場（顧客層）はインターネットによるEコマースであり、顧客機能はインターネットにより商品購入を考えている海外市場の顧客ニーズであり、技術はアマゾンが各国で展開するインターネットショッピングサイトやアマゾン・アソシエイト・プログラムなどによる提携先のリンクの活用であるとそれぞれ考えることができる。アマゾンはこうした3つの次元で定義できる海外市場展開の事業ドメインに企業成長の方向性を示唆する戦略を盛り込むことにより、海外市場での持続的な成長が可能となる。

また、事業別の売上高は、書籍やCD、DVDなどを扱うメディア部門が148億8800万ドル（前年比17％増）、家電・日用品部門が183億6300万ドル（前年比66％増）、AWSなどのその他の部門が9億5300万ドルとなり、創業以来、初めて家電・日用品部門の売上高がメディア部門を上回った。これまでアマゾンは新規に事業を展開するたびに、「なぜ、メディア関連商品に特化しないのか」「どうして海外展開するのか」など多くの批判に晒されてきたが、これらの業績が示す通り、これまでアマゾンが進めてきた事業戦略は現状では功を奏しているといえよう。

図表4-5▶アマゾンの事業領域と事業モデル

3・2▼事業モデル

これまで見てきたように、アマゾンの事業はEコマース、クラウド・コンピューティング、電子書籍の3つが主力事業となっている。これら3つに共通する事業モデルの狙いはプラットフォーム事業の拡張と強化である（図表4－5）。キンドルについては電子書籍リーダーであるキンドル本体のハード端末としてのイメージが先行しているが、PCや携帯電話上でアマゾンが販売するキンドル用の電子書籍が読める無料ソフト（ソフト版キンドル）もアマゾンは提供している。また、アマゾンはEコマース事業では特に、オンライン・リテールプラットフォーム基盤の強化に注力してきた。アマゾン・アソシエイト・プログラム、フルフィルメント・バイ・アマゾン（Fulfillment by

Amazon：FBA）などがそれである。フルフィルメント・バイ・アマゾンは在庫管理・出荷代行事業で、アマゾンが自社のフルフィルメント・センターや流通網を使ってオンライン・リテーラーの商品を代行して在庫管理し出荷するサービスである。これにより、オンライン・リテーラーは直営の倉庫や流通網を持たなくても自社の商品の在庫管理や出荷が可能となる。このように、アマゾンは顧客がアマゾンのサイトに限らずいかなるサイトで商品を購入しても、アマゾンに収入が落ちるような仕組み作りを着実に進めている。

4 オンライン書店の戦略展開とイノベーション

アマゾンがオンライン書店で取った戦略は差別化戦略と価格戦略であった。ここでは、アマゾンがこれら2つの戦略おいて、具体的にどのようなアクションを展開し、いかなる機能を追加し充実させてきたかについて明らかにする。また、2つの戦略展開の結果として、アマゾンのオンライン書店はロングテールの拡大に寄与したものの、新たな市場を創出するには至らなかった点から、アマゾンのオンライン書店が伝統的な書店に対するローエンド型破壊であることを検証する。

4・1▼重要なる3つの戦略の推進

ベゾスは『ハーバード・ビジネス・レビュー』(2008年2月)のインタビューで「アマゾンのB to C事業では、豊富な品揃え、低価格、スピーディな納品の3つが重要であり、この3つの中で何が大切かは事業の種類によって異なる」と述べている。創業以来10年以上の間、ベゾスはこれら3つを着実に進めていくことで、緩やかではあるがアマゾンを利益が出せる会社に成長させている。ベゾスの言葉を借りれば、「短所を改めるように努め、コストひいては価格を引き下げられれば、将来にわたって利益は増え続けていく」のである。アマゾンはオンライン書店でもこれら3つを手堅く実行してきた。新書だけでなく古書やめったに売れない本などを販売書籍に追加することで豊富な品揃えを実現し、また、新刊などの書籍を30%から50%ディスカウントすることで低価格戦略を推進し、さらには、フルフィルメント・センターを最適な数に保ちフリーロケーションといった効率的な物品管理システムを導入することでスピーディな納品を実現している。アマゾンはこれまでこうした経営努力を惜しまず進めてきたことにより、新規顧客を獲得しリピーターを増やしながら着実に市場シェアを向上させ、事業の成功を収めるに至っている。

4・2▼販売チャネルと市場拡大を図るための3つの戦略的機能

伝統的な書店に対峙してオンライン書店のプラットフォームを立ち上げたアマゾンは、販売チャネルや市場の拡大を図るため、アマゾン・アソシエイト・プログラム、カスタマーレビュー、レコメンデーション（recommendation）の3つの機能をオンラインショップのプラットフォームに装備している。

アマゾン・アソシエイト・プログラムはアマゾンの販売チャネルを拡大するプログラムで、ブログなどのWEBサイトを保有する個人が、アマゾン・アソシエイト・プログラムを利用してサイト上で書籍などの商品情報を自由に掲載できるものである。そして、アマゾン・アソシエイトで商品を知った顧客が商品を購入すると、売上額の数パーセントが報酬としてアマゾンから個人へ支払われる仕組みになっている。アマゾン・アソシエイト・プログラムでは、ASIN（Amazon Standard Identification Number）と呼ばれる商品識別用の10桁の商品コードが付与され、個々の商品を直接指定できるようになっている。これによりパーマリンク（permalink：WEBページの中の個別のコンテンツに対して設けられたURL）が可能となり、あまり売れない商品にも着目することができるようになったため、アマゾンによるロングテールの実現が顕在化し、アマゾンがWEB2・0の代表的なサービスのひとつに数えられるようになった。ロングテール・ビジネスがアマゾンにもたらされたのは、まさにこうしたアマゾン・アソシエイト・プログラムの賜物で、特殊なカテゴリーに興味を持つ人が、同じテーマに関心を持つ顧客に商品情報を発信する機会が持てるようになったためである。

カスタマーレビューはアマゾンが考案したサービス機能で、商品に関する意見や感想を顧客がWEBサイト上で自由に公開できる場である。購入の際に他の顧客の意見を参考にしたり、他の顧客に参考となる感想を自ら投稿したりすることができる。アマゾンではカスタマーレビューに参加する資格を設けており、投稿希望の商品にかかわらずアマゾンで商品を購入した顧客でないとカスタマーレビューに投稿できない。掲載されたレビューは顧客が商品を購入する際の貴重な参考意見となるため、市場の拡大特にロングテールの拡大に寄与するものである。

レコメンデーションはWEBサイトなどでユーザーの嗜好を分析しユーザーごとに興味のありそうな情報を選択し表示するサービスで、アマゾンは「ついで買い」や「まとめ買い」を促して顧客の購買意欲を促進させ購入金額を向上させる仕組みとして、このレコメンデーション機能の強化を図っている。特に、過去の購入履歴などから顧客ごとに趣味や読書傾向を割り出し、それに合致すると思われる商品をメールやサイト上で重点的に顧客一人ひとりに推奨している。たとえば、ある書籍を購入しようとしている顧客に、アマゾンは「Customers Who Bought This Item Also Bought（この商品を買ったお客様はこんな商品も買っています）」のレコメンデーション・コーナーで同じ書籍を購入した顧客がその書籍以外に買っている書籍のうち売上の多い順に5冊ずつ関連する別の書籍を表示し勧めている。アマゾンはこうしたレコメンデーション機能を用いて、顧客が自分の欲しい情報に素早く辿り着けるよう顧客を誘導することで、顧客の商品購買率の向上につなげている。

4・3 ▼ ローエンド型破壊によるイノベーション

アマゾンのオンライン書店は、破壊的イノベーションとして、新興企業が既存企業を打ち負かすという典型的なモデルである。アマゾンはこれまで見てきたような破壊的戦略を取ることで、新興企業として実績のある競合企業を攻撃した。オンライン書籍市場への参入を果たし、低価格、アソシエイト・プログラム、カスタマーレビュー、レコメンデーションなどアマゾンが打ち出したさまざまな戦略はロングテールの拡大に寄与したものの、新市場を生み出すには至らなかった。そうした意味において、クリステンセンやマイケル・レイナー（Michael E. Raynor）の言葉を借りれば、アマゾンのオンライン書店は「伝統的な書店に対するローエンド型破壊」であるといえる。アマゾンは実績のある大手書店にとって最も魅力の薄い顧客を摘み取ることで成長し、フリーロケーションなど長い年月をかけて低コストのビジネスモデルを実現したため、こうしたローエンド型破壊のイノベーションを実現するに至った。

5 キンドルのビジネスモデル

オンラインショップで書籍を扱うアマゾンが、電子書籍リーダーであるキンドルをなぜ開発し電子書籍市場に投入したのであろうか。当初よりアマゾンは書籍市場を拡大させる戦略を持ち合わせていたのであろうか。ここでは、まず、アマゾンが取るキンドルの顧客価値創出のための戦略モデルについて明らかにする。その上で、流通形態と利益創出のための収益モデルに関する考察を試みる。特に、利益創出のための収益モデルでは、収益モデルの構成要素をキンドル端末から得られる利益、電子書籍から得られる利益、通信費用の3つに別け、それぞれの要素における分析を試みることでその実態を明らかにする。

5・1 顧客価値創出のための戦略モデル

キンドルの戦略上の狙いは、電子書籍を低価格で販売し潜在需要を掘り起こす市場開拓にある。

そのためアマゾンは電子書籍リーダーとしてキンドルを自社開発し、電子書籍のラインアップを増やすために出版社に精力的に働きかけた。こうした努力の甲斐もあり、ユーザーフレンドリーな特徴を備えたキンドルの電子書籍タイトル数は今や95万タイトルまで増えている。通常、米国の書店ではベストセラー新刊の小売価格は20ドル台後半で設定されているが、キンドル・ブックストアでは9・99ドルに設定されている。アマゾンは出版社の協力を得るため、こうしたベストセラー新刊の仕入価格を出版社との間で書店の小売価格の半額に設定している結果、ベストセラー1冊の販売につき4ドル前後の赤字が計上されることになる。このように、アマゾンは赤字販売を容認した上で、リアルの書店が実現できない低価格で新刊を販売し、キンドルで販売される電子書籍は安いという印象を顧客に植え付ける戦略を取ることで、キンドル・ブックストアへの集客力を高め市場シェアの拡大を果たしている。

5・2▼流通形態

キンドルは電子書籍リーダーであるため、書籍は全てデジタルデータとしてインターネット経由で配信され販売される。電子書籍購入申込から受取までの具体的なプロセスを検証してみると、まず、画面右のBuy Now（購入する）ボタンをクリックし購入したい電子書籍を選択する。次に、選択した書籍データがアマゾンから携帯電話網を使ってインターネット経由でキンドル内に送信される。この際、送信にかかる時間は数十秒であるが、アマゾンは「全ての本をあらゆる場所で60秒以内に入手」可能と広告している。最後に購入代金がクレジットカードで決済され購入手続きが完了する。この一連の配送ネットワークはアマゾン・ウィスパーネット（Amazon Wispernet）と呼ばれている。キンドルのみならずソフト版キンドルにも、インターネット経由でこのウィスパーネットへのアクセスが可能で、自動的に購入した電子書籍を取得するデータ通信機能が備わっている。

5・3▼利益創出のための収益モデル

キンドルの収益モデルの構成要素は大きく3つに分けられる。1つ目はキンドル端末の製造・販売から得られる利益である。2009年4月のアイサプライの調査では、Kindle2の直接材料費を含む製造原価は185・49ドルと推定されている。製造原価は直接材料費や製造費、電池費で構成される。直接材料費で最も大きな割合を占めているのがキンドル最大の特徴である電子インクディスプレイで、費用は60ドルと推定されキンドルの直接材料費の41・5％を占めている。小売価格（359ドル）に対する製造原価が占める割合は51％であり、単純に考えると小売価格の半分が利益になっているが、製造原価には知的財産権に関わるロイヤルティーやライセンス費用、ソフトウェア開発テスト費用、マーケティング費用などが含まれていないため、純利益というよりは粗利（gross margin/gross profit margin）と考えられる。

2つ目は電子書籍の販売から得られる利益である。米国では出版社からの仕入価格は、電子書籍でも紙ベースの書籍でも変わらずほぼ同額である。また、日本の再販制度（resale price maintenance）は米国では書籍に適用されていないため、販売が芳しくない書籍や在庫が余るベストセラーなどは容易に小売価格が下がる。これにより、アマゾンは出版社などと仕入価格の交渉が可能となり、仕入価格を通常の場合よりも値下げできる。アマゾンはハードカバー新刊をはじめキンドル版電子書籍の小売価格を概ね9・99ドル以下に設定しているが、ベストセラーなど値崩れしない電子書籍では利益が出ず逆ざやとなるものの、値崩れする電子書籍では利益を十分に出せるため、高くても9・99ドルといった小売価格の設定が可能となる。このように、販売した電子書籍のトータルで利益を生み出せるよう、キンドル・ブックストアでは小売価格を概ね9・99ドル以下に設定しつつ、赤字のベストセラー新刊を呼び水にして、利益率の高い電子書籍を多く販売することでトータルとして利益を生み出している。

しかし、小売価格をアマゾンが設定できないケースがある。価格決定権を出版社が持つエージェントモデルがそれである。エージェントモデルは、アシェット・ブック・グループ（Hachette

Book Group）やマクミラン（Macmillan Publishers Limited）などの大手出版社が、アマゾンが小売価格を9・99ドルに設定して販売する考えに不満を募らせたことから生まれた制度である。この結果、エージェントモデル対象の電子書籍は、アマゾンの仕入価格にいくらかの利益を加算して小売価格が設定されることになり、小売価格は概ね12ドルから14ドル程度に引き上げられ販売されている。

3つ目の要素は通信費である。アマゾンはウィスパーネットにより携帯電話網を使ってキンドルに電子書籍データを送信しているが、携帯電話網は国際ローミング（international roaming /global roaming）も含めAT&Tワイヤレスとの単独契約で3GとWi-Fiを使用している。単独契約であるため運用効率も上がり、通信費用の一括支払いによりバルク（bulk）でのディスカウントが可能となる。そのため、キンドルでは通信費用負担はそれほど大きくないと考えられる。

第5章

グーグルの戦略とイノベーション

▶▶▶グーグルは1998年の創業以来圧倒的なテクノロジーを背景に、あらゆるサービスを無料で提供しインターネットの世界観や価値観を大きく変えてきたスマートな頭脳集団である。独創性に優れたWEB検索エンジンは今や人々の生活基盤となり、Gメールやグーグル・アースなどIT業界に大きな衝撃を与えたWEBアプリケーションは数多い。最近では、アンドロイドやクロームOSといった基盤技術を新たに市場に投入し、携帯電話市場やPC市場を席巻しつつある。このように、グーグルが取るオープンなプラットフォーム戦略はなぜスムーズに市場に浸透していくのであろうか。無限の可能性を秘めたグーグルの戦略と開発力の源泉を検証してみたい。

1 企業理念と企業戦略

1・1 使命と企業理念

グーグルの使命（mission）は、グーグルのホームページで示されているように「世界中の情報を整理し、世界中の人々がアクセスできて使えるようにすること」である。WEB検索の分野から始まったグーグルのサービスは、今やWEBアプリケーションや基盤技術の分野へとその活動領域は広がっている。これらの活動領域のほとんどのサービスはグーグルの使命に沿ったものであるが、近年では、携帯電話向けOSであるアンドロイドやパソコン向けOSであるクロームOSなど、グーグルの本来の使命から逸脱しているように見えるサービスも散見される。

こうした使命に加え、グーグルは企業理念（corporate philosophy）として以下の10項目を設定している。グーグルの説明によれば、これらの企業理念は「グーグルをよく理解してもらうためには、個人、企業、そして技術者たちのインターネット観にグーグルがどのように影響を及ぼしたかを知ってもらう必要がある」といった考えから導かれている。

①ユーザーに焦点を絞れば、他のものはみな後からついてくる
②1つのことをとことん極めてうまくやるのが一番
③遅いより速い方がいい
④ウェブでも民主主義は機能する
⑤情報を探したくなるのはパソコンの前にいるときだけではない
⑥悪事を働かなくてもお金は稼げる
⑦世の中にはまだまだ情報があふれている
⑧情報のニーズは全ての国境を越える
⑨スーツがなくても真剣に仕事はできる
⑩「すばらしい」では足りない

この中で、特に注目したいのは10番目の項目である。「『すばらしい』では足りない」という言

葉は、製品・サービス開発には「これでいい」といった終わりがないことを暗示している。グーグルの「妥協を許さない」、「最高に甘んじない」という姿勢がそこには貫かれている。グーグルに「無限の可能性」を感じる言葉でもある。

1・2 ▾企業戦略

グーグルの基本戦略は、企業や消費者が作り出す情報を利用して、顧客価値を創造し高めるWEBサービスを無償で提供することで自社プラットフォームの集客力を高め、その一方で、企業に広告サービスを有料で提供するなどして広告の市場シェアを高め収益を上げるものである。これはインターネットにおけるネットワークの外部性を利用した戦略に他ならない。グーグルは情報をインデックス化し、検索結果の相関性を高める努力を日々怠らず、恒常的にこれに取り組んでいる。こうした検索情報の希少価値を保つ努力が、顧客価値の創造や向上につながっている。WEB検索市場での優位性を持続するかぎり、グーグルのこの企業戦略は不変である。

2 経営と製品進化の軌跡

創業してわずか13年という短い期間で、グーグルは300億ドルに迫る売上高を稼ぐ優良企業に成長した。グーグルの成長ペースはどのベンチャーよりも速く、成長軌道に乗るまでに多くの時間を必要としなかった。グーグルは創業以前に既にWEB検索エンジンを開発し、競争優位の源泉を手に入れることに成功している。また、創業から3年後には、エリック・シュミットというグーグルの良き理解者を社外から経営者として招聘することに成功し、以降現在に至るまで創業者であるペイジとブリンにシュミットを加えた3者体制で安定した経営を続けている。

グーグルにもたらされた試練を唯一挙げるとすれば、それは広告による収益モデルを確立するまでに4年の歳月を費やしたことであろう。やがて、グーグルはCPC方式（Cost Per Click：広告がクリックされた回数に応じて広告料を支払うクリック単価方式）を採用したアドワーズによる収益モデルを確立し収支の黒字化を達成する。こうしてビジネスモデルを確立したグーグルは、その後、さまざまなサービス領域で革新的なWEBアプリケーションや基盤技術を次々とリリースし会社を持続的な成長軌道に乗せていく。製品進化の軌跡とともにグーグルの戦略シフトを詳細に検証していく。

2・1▼グーグルの生い立ち

グーグルの歴史はシリコンバレーのとあるガレージから始まる。主役はローレンス・エドワード・ラリー・ペイジ（Lawrence Edward "Larry" Page）とセルゲイ・ミハイロヴィッチ・ブリン（Sergey Mikhaylovich Brin）で、2人は1995年スタンフォード大学の大学院新入生向けオリエンテーションで出会う。2人の共通点は知的な人物と議論を戦わせ、自分の世界観で相手に世界を見させることであったため、理解し合うのに時間はかからなかった。その後、ペイジとブリンは共同で研究するようになり、やがてページランク（pagerank）というアルゴリズム（algorithm：目的達成のための処理手順）を考案する。ページランクはリンクのデータを分析することにより、何か重要なものが得られるかもしれないといった発想から生まれている。WEBサイトに張られているリンクの数を数えれば、そのサイトの人気度を把握できる。たとえば、あるサイトに向けてたくさんのリンクが張られていれば、そのサイトは少ししかリンクが張られていないサイトよりも重要であるというわけである。1997年、WEBページのランク付けを行う原始的な検索エンジン（search engine）はこうして開発され、バックラブ（BackRub）と名付けられたが、同じ年、バックラブはGoogleに改名される。Googleの由来はGoogole（グーゴル・1グーゴルは10の100乗）であり、ドメイン名登録の際にgoogole.comの綴り名をgoogle.comに間違えて登録したのが起源であるといわれている。ちなみに、googoleは米国の数学者エドワード・カスナー（Edward Kasner）の甥であるミルトン・シロッタ（Milton Sirotta）による造語で、カスナーとジェームズ・ニューマン（James Newman）の共著である『Mathematics and the Imagination（数学と想像力）』で広く知られるようになった。グーグルによれば、グーグルという名前はウェブ上で使用可能な膨大な量の情報を組織化するというグーグルの使命を反映しているという。その後、この検索エンジンは改良が重ねられ、多くの条件を考慮して作り上げられていくことになる。1998年9月、2人は投資家であるアンディ・ベクトルシャイム（Andreas "Andy" von Bechtolsheim）から10万ドルの資金援助を受けて、カリフォルニア州メンロパーク市内の友人のアパートを本拠地にしてグーグルを創業する。その大きさは広さ1800平方フィートの家の2つの地下室と車2台分のガレージというわずかなものであった。こうして、検索エンジンと同義の社名であるグーグルが誕生することになる。

2・2▼ベンチャー・キャピタルによる出資と検索技術によるビジネスモデル不在の時代

検索エンジンの改良と整備は順調に進められ、1998年末までにグーグルは2600万のWE

Bページをインデックス化し、1日当たり50万件の検索を処理するようになる。この時期のグーグルは、ユーザーができるだけ早く目的のWEBサイトに辿り着けるようにし、グーグルのホームページの滞留時間を短くすることが正しいアプローチであると考えていたため、ユーザーを自社に囲い込んで収益を上げるといったビジネスモデルがまだ確立していなかった。そのため、検索エンジンからの収入は、検索技術のライセンス供与などによる収入が入ってくるのみでごくわずかであったため、グーグル検索システムにコンピュータを日々投入し続けるには、まとまった資金を工面する必要があった。そこで、ペイジとブリンの2人はグーグルの経営権を手放さずに資金を調達したいという持論があったため、ベンチャー・キャピタルからの資金調達(finance/ financing)を目指した。

2人はシリコンバレーで最も定評のある一流ベンチャー・キャピタル、KPCBとセコイア・キャピタル(Sequoia Capital)の2社に目を付けた。2社へ同時に接触する理由は、自社株の過半数所有(議決権)を死守するためであった。ペイジとブリンは、KPCBのジョン・ドーア(L. John Doerr)とセコイア・キャピタルのマイケル・モリッツ(Michael Moritz)にグーグルのビジネスアイデアに関するプレゼンテーションを試みた。プレゼンテーションを訊いた2人は、当時検索技術を使ったビジネスモデルの成功事例が存在していなかったことから、グーグルの検索技術をどのように評価したらいいか判断がつかなかった。しかし、最終的にドーアはインターネットの長期的な発展におけるグーグルの可能性と将来性を評価し、モリッツはペイジとブリンの2人が開発した検索エンジンそのものを評価した上で、1999年6月、両者はグーグルへの2500万ドルの出資を決める。出資条件として、ペイジとブリンの当初からの要望である自社株の過半数所有が受け入れられる代わりに、グーグルの検索エンジンを利益の上がるビジネスに転換させるために、実績のある業界経験者を幹部としてグーグルに迎え入れる約束が取り交わされた。この出資直後、グーグルはマウンテンビュー市内のベイショア・パークウェイへの本社移転を決めている。

出資獲得もグーグルへの追い風となり、2000年の初めには、1日当たりの検索処理件数は平均700万件に達していた。こうした好調なグーグル検索エンジンの利用とは対照的に、会社経営は難しい状況にあった。この時期、年間収入1900万ドルに対し損失は1470万ドルを計上し、特に損失は前年の2倍以上に達していた。収入の主な柱は検索サービスを企業に有償で提供することで得られる収入などで、新たなビジネス戦略と呼ぶには程遠いものであった。こうした状況にもかかわらず、ペイジとブリンの2人は依然として広告が検索速度を遅らせる点を懸念していたことから、検索エンジンを使った広告事業によるビジネスモデルは議論すらされていなかった。だが、グーグルは検索エンジンの利用者の拡大を図りながら収入源の確保を模索し続け、やがて大きなチャンスを掴むことになる。2000年6月、グーグルの検索エンジンがヤフーの公式検索エンジンに採用される。これにより2000年末には、1日当たりの検索処理件数が平均1億件に達するようになる。

2・3 ▼ エリック・シュミットの経営参画と広告プログラムによる収益モデルの確立

2001年には、KPCBとセコイア・キャピタルの出資条件のひとつであった経験豊富な業界幹部のグーグル経営参画が現実のものとなる。出資以来、KPCBのジョン・ドーアはグーグルのCEO適任者を探していた。いつしか彼は知人のエリック・シュミット(Eric Emerson Schmidt)が最適な人材であると考えるようになり、シュミットにペイジとブリンの2人に会うよう促した。2000年12月にシュミットはグーグルを訪れ、ペイジとブリンの2人との面談が実現した。面談は1時間30分に及んだが、この面談でペイジとブリンはこれまでに会った候補者の誰よりもシュミットに好感を持ち、技術に関するシュミットの見識を認めることになる。一方、シュミットはここ何年もの間これほど素晴らしい議論を一度も経験していないほど刺激的な議論であったことを認めている。こうして、2001年3月、シュミットはグーグルの会長に就任し、その年の8月にはCEOの肩書が加わることにより、ペイジが製品部門担当社長に、また、ブリンが技術部門担当社長に就任することになる。グーグルに入社する前にシュミットは主にサン・マイクロシステムズでビジネス経験を積んでいる。サン・マイクロシステムズでは、1983年に入社後1997年の退社までの約14年間で最高技術責任者（Chief Technical Officer：CTO）に登りつめている。また、技術面ではプログラミング言語であるJavaを育てる成果を上げている。その後、1997年にノベル（Novell, Inc.）のCEOに就任し経営再建に奮闘することになる。

こうして、グーグルの新たな経営体制は誕生したが、CEOに就任したシュミットに権限が集中することはなかった。シュミットはペイジとブリンと共同で経営に携わり、意思決定においてペイジとブリンの意見が異なる場合は、シュミットが判断を下す権限を持たされた。ただし、重要な意思決定に関しては3人全員の同意が必要とされた。シュミットの当面の課題は社内の経営システムの確立と経常収支の黒字化であった。グーグルは既に2000年10月にグーグル初の広告プログラムであるアドワーズ（AdWords：検索連動型広告）を導入していたが、CPM（Cost Per Mille：インプレッション単価）方式を採用していたためアドワーズによる収入は芳しくなかった。CPM方式は表示回数に基づいた料金を支払う方式であることから、広告主はユーザーにより広告が表示された回数分だけグーグルに料金を支払えばよかったため、リンクが張られた広告主のホームページをユーザーがクリックしてもグーグルの収入にはならなかった。無償で検索エンジンをユーザーに提供し広告から利益を上げるという新たな事業戦略の実現に向けてアドワーズは改良が進められ、2002年2月、遂にアドワーズの新バージョンが誕生する。新バージョンは、従来のＣＰＭ方式ではなくＣＰＣ方式を採用し、これに広告に対するユーザー評価を組み合わせることで広告の質を評価するといったアルゴリズムを基盤としている。アドワーズはやがてグーグルの収益の柱となっていく。

一方、２００３年には、同じＣＰＣ方式を採用した新たな広告モデルとしてアドセンス（AdSense：検索連動型およびコンテンツ連動型広告）が誕生する。アドセンスはクリック保証型（Pay Per Click：ＰＰＣ）のインターネット広告サービスで、ＷＥＢサイト上にあるグーグル提供の広告がクリックされるとサイト運営者に報酬が支払われる仕組みであるため、インターネット上に無数存在するホームページに広告収入をもたらす機会と手段を与えたという点で、極めて優れた収益モデルであるといえる。２００４年までにアドセンスはグーグルの売上高の半分近くを稼ぎ出すまでになっている。こうして、アドワーズとアドセンスの導入により、検索エンジンから利益を上げるといったグーグルの命題は達成され、２００１年の売上高８６００万ドルに対し、２００２年には４億３９００万ドルと飛躍的に売上高が伸び、黒字化への大幅な転換を果たしている。

2・4 ▼ サービス領域の拡大と株式公開

黒字化への転換に伴い、グーグルはその後ＷＥＢ検索の分野で新たなサービスを生み出していく。2001年の画像検索に始まり、2002年にはGoogle News（ニュース検索）、2003年にはGoogle Print（書籍検索）、2004年にはGoogle Scholar（論文検索）などWEB検索サービスを次々と開始する。なお、Google Printは後にGoogle Book Searchにサービス名称を変更している。だが、グーグルのサービス開発はこうしたWEB検索の分野に止まらなかった。グーグルは基盤技術やWEBアプリケーションの分野にもそのサービス領域を拡大していく。特にWEBアプリケーションでは、2004年から2006年の3年間で数多くのイノベーティブなサービスが提供開始されている。すなわち、Gmail（電子メール）、Orkut（ソーシャルネットワーキング）、Google Maps（地図サービス）、Google Earth（衛星画像ソフト）、Google Talk（インスタントメッセージ）、Google Analytics（WEBのアクセス分析）、Google Base（コンテンツ管理）、Picasa（画像処理ソフト）、Google Calendar（スケジュール管理）、Google Checkout（オンライン決済代行）、Google Apps（企業向けグループウエア）、YouTube（動画共有）、Docs & Spreadsheets（文書作成）などである。これらのサービスはグーグル独自の既存の経営資源を活用して開発されたものばかりではない。企業買収により技術を手に入れることで研究開発費や生産コストを削減し、短期間に提供実現に至ったサービスもある。実際、2004年にはマッピング・ソフトウェア会社であるKeyholeやPicasa、Where2を、また、2005年にはウェブベースのスプレッドシート会社である2Web TechnologiesやUrchinを、2006年にはワードプロセッサー会社のWritelyやビデオ共有サイトのユーチューブなどを買収

図表5-1 ▶ グーグルの株価推移(2004〜2011年)

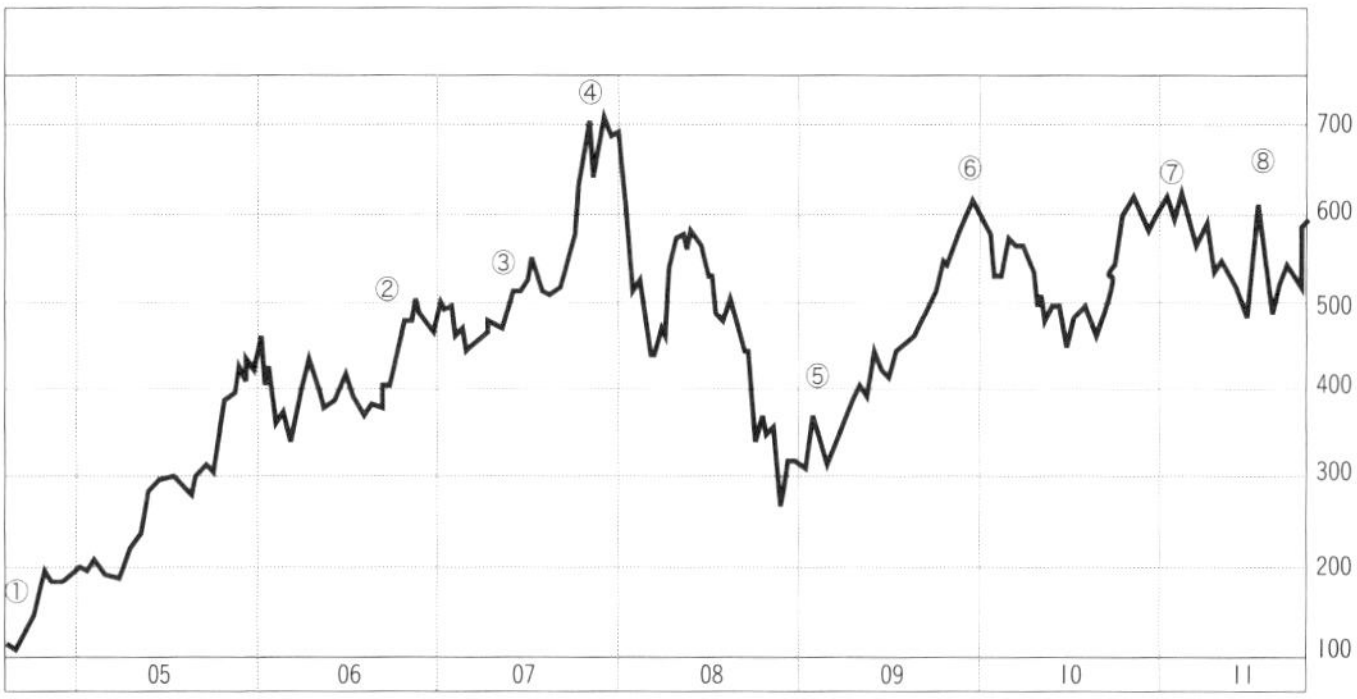

出典：Google finance（2011年10月31日）より作成

している。このようにグーグルも例外に漏れず、多角化を追求する上で有力な戦略オプションとして企業買収戦略を取っている。

2003年には株主が500人を超えたため、米連邦法の規定によりグーグルは財務内容の公開もしくは株式公開を迫られる。そこでグーグルは2004年8月には株式公開を果たすことになるが、株式公開におけるペイジとブリンの最大の懸念は、株式公開でグーグルの既存のやり方や原則が曲げられることにあった（図表5-1①）。このコア・バリュー（core values：企業の中核的な価値）を死守するために、2人は株式公開にあたりデュアル・ストック制度（dual class stock structure）を導入する。すなわち、一般投資家向けにクラスA株を用意し、創業者や経営幹部が保有する株をクラスB株として割り当てることにより両者を区別した上で、クラスA株の議決権を1株当たり1票とし、クラスB株を1株当たり10票とすることで、61・4％の議決権を創業者や経営者で占有する仕組みにした。この結果、ペイジとブリンの株式保有比率が32％、モリッツが9・9％、ドーアが8・7％、シュミットが6・1％となった。こうした株式構造は創業者を筆頭としたグーグルの経営陣の支配力を強固なものにした。一方で、グーグルは株式公開に伴い社員にストックオプション（employee stock option：新株予約権）を与えている。こうしたインセンティブ制度の導入は技術力の高い優秀な社員を会社にとどめ、恒常的にイノベーティブなサービス開発を可能にするグーグルの源泉のひとつとなっている。

2・5▼ユーチューブの買収とダブルクリック買収によるシナジー効果の創出

グーグルの企業買収は２００３年から本格的に始まったが、中でもユーチューブの買収（２００６年10月）はメディア業界に大きな衝撃を与えた（図表5－1－②）。チャド・ハーレイ（Chad Meredith Hurley）、スティーブ・チェン（Steven Shih "Steve" Chen）、ジョード・カリム（Jawed Karim）などにより創業されたユーチューブは、２００５年2月に動画配信サービスを開始し、買収前の２００６年秋までのわずか1年半あまりの間に月間３４００万人のユーザーを集めるようになる。短期間にユーザーが増加したのは、ユーチューブに投稿される動画コンテンツの内容に原因があった。ユーチューブの動画の多くはユーザーがホームビデオなどで撮影した数分間の映像、すなわち、UGCと呼ばれるユーザーが独自に製作したコンテンツであったが、テレビの人気番組やスポーツのハイライトシーンなど著作権（copyright）が侵害されるようなコンテンツが次第にアップロードされるようになり、この映像見たさにユーザーが集まるようになった。それではなぜ、このように当時急成長を遂げつつあったユーチューブを創業者たちはグーグルに売却したのであろうか。その最大の理由は資金調達にあった。当時、ベンチャー・キャピタルのセコイア・キャピタルが既にユーチューブに出資していたが、日々アップロードされる膨大な映像コンテンツを処理するためには限りない数のサーバーやコンピュータの調達が不可欠で、こうした経営資源の調達コストには莫大な資金が必要とされた。グーグルによる買収はこのようなユーチューブの経営上の問題を解消してくれるものであったが、それではなぜグーグルはこの利益を生み出さないビジネスモデルに投資したのであろうか。グーグルのユーチューブ買収の真の狙いは、ユーザーにより投稿された膨大なコンテンツを手に入れ、このコンテンツが集約されたビデオ・プラットフォームを利用することで、広告販売の対象を動画にも拡大し広告収入による利益最大化を目指すことにあった。多数のユーザーがユーチューブに集まり映像コンテンツをアップロードすればページビューが増加する。ページビューが増えることでユーチューブの広告料が高騰する。こうしたビジネスモデルを確立するために、グーグルはユーチューブのプラットフォームを利用するという投資戦略を選択したわけである。

グーグルはサービス領域を拡大するため、２００７年以降も継続して企業買収戦略を取っている。２００７年にはバナーなどの広告会社であるダブルクリック（図表５－１－③）や画像共有サイトのPanoramio、ＲＳＳサービスのFeedBurnerなどを買収している。中でもダブルクリックは、それまでのグーグル史上における最大の買収額となった。買収にあたりグーグルがマイクロソフトやヤフーと争ったことが31億ドルという買収額の高騰に結び付いたといわれている。ダブルクリックは１９９６年に創業し、当時ディスプレイ広告やリッチ・メディア広告を主体にサービス提供していたDart事業部と、検索エンジンマーケティングに特化しペイパークリック広告ベースのビジネスを展開していたPerformics事業部が主要部門であった。それまでグーグルはＷＥＢサイト上のテキスト広告で圧倒的優位な地位を保持していたが、バナー広告などのディスプレイ広告は手薄な事業領域であった。ダブルクリックはこの領域で支配的な地位を築いていたため、この買収はまさにグーグルの弱点を補完するものであった。特に、ダブルクリックのディスプレイ広告のノウハウは、ユーチューブの動画配信サービスとの親和性が高くシナジー効果が期待できた。ダブルクリック買収により得られたディスプレイ広告市場における支配的な地位は、ユーチューブのプラットフォーム上でのビジネスモデルの確立に多大な貢献をもたらすことになる。

さらに、グーグルは２００９年11月、AdMobを7億５０００万ドルで買収する発表をしている。

AdMobは2006年創業のモバイル広告事業運営会社で、160カ国以上でモバイルサイト向け広告事業を展開している。この買収によりグーグルはモバイル向けでもディスプレイ広告の提供が可能となり、新たな収益源を確保するに至っている。

2・6▼基盤技術の開発強化とオープンソース戦略

グーグルは2003年以降、コア事業であるWEB検索以外に基盤技術やWEBアプリケーションの分野でもさまざまなサービス領域を拡大していたが、2007年から本格的に基盤技術の開発強化に取り組むようになる。具体的には、2007年から2009年の3年間で、Gears（WEBのオンライン対応技術）、OpenSocial（ソーシャル連携技術）、Android（携帯電話向けOS）、AppEngine（クラウドサービス）、Chrome（WEBブラウザ）、NativeClient（ネイティブコード実行技術）、ChromeOS（PC向けOS）、Go（プログラミング言語）といった基盤技術を次々と世に送り出している。

中でも、アンドロイドはグーグルの新たな収益源となるサービスとして開発された（図表5－1－④）。収益源といってもアンドロイド自体は無償で提供されるオープンソース（open source）であるため、直接的なというよりはアプリ販売の促進や広告収入の拡大につなげるといったむしろ間接的な収入の確保を意味する。それまで、グーグルが開発してきたプログラムの多くは携帯電話との親和性が低かったため、携帯電話上で十分に作動するのが困難であった。そこで、自社プログラムを携帯電話上で自由に作動させるために開発されたのがアンドロイドである。

アンドロイドはグーグルが独自に開発したオリジナルな基盤技術ではなく、携帯電話向けソフトウェア開発会社アンドロイドを2005年に買収したことにより手に入れた技術である。創業者であるアンディ・ルービン（Andrew Rubin）はグーグルによる買収後、グーグルの技術部門担当副社長に転じ、アンドロイド・プラットフォームの製品戦略と開発全般を担当するようになる。ルービンはクアルコム（Qualcomm Inc.）やTモバイル（T-Mobile）などとOHA（Open Handset Alliance）の名称で規格団体を設立し、このOHAを通して2007年11月に、アンドロイドをオープンソースとして公開している。

オープンソースは文字通りソースコードの公開を意味し、自由にアプリケーションを開発し改良できるといった汎用性を持っていたため、その後、多くのメーカーがアンドロイドを搭載したスマートフォンや携帯情報端末を開発し発売している。グーグル自身もネクサス・ワン（Nexus One）のプロダクトブランドで、アンドロイド搭載のスマートフォンを2010年1月に発売している。当時、iPhoneの競合製品として話題を集めたが、販売方法を自社サイトから米国、英国、シンガポール、香港の4カ国に限定したため販売台数は伸び悩んだ。だが、ルービンが当時アンドロイドの目的を「インターネットと同じレベルのイノベーションを携帯電話の世界に持ち込むことだ」と述べたように、アンドロイドを搭載したスマートフォンはインターネットとの親和性が高く、グーグルが開発したプログラムを充分に作動させるといった本来の目的を達成し販売数を伸ばし続けている。

米調査会社のガートナー(Gartner, Inc.)が、2011年2月に発表した世界携帯電話市場に関する調査結果によると、2010年におけるスマートフォンの世界販売台数でアンドロイドは6722万4500台(シェア22・7%)を達成し、販売台数1億1157万6700台(シェア37・6%)で1位のシンビアンに次いで2位にランクされている。これは4位のiOS(アップル)の4659万8300台(シェア15・7%)を約2060万台も上回り、オープンソースの優位性を証明した結果となっている。

2・7▼コンテンツ・プラットフォーム事業の強化と事業整理

2008年以降、グーグルはコンテンツ・プラットフォーム事業の強化に乗り出している。2008年8月、グーグルはコンテンツ連動型広告のパートナーサイトで構成されるグーグル・コンテンツ・ネットワーク(Google Content Network)に新たに複数の機能を導入する計画を発表している。新たな機能拡張はダブルクリックの広告配信用クッキー(Cookie)をコンテンツ・ネットワークに導入することで実現できるもので、ユーザーに同じ広告を繰り返し表示するのを回避できる機能やユーザーが1つの広告を見る回数を広告主が管理できる機能などである。この他にもグーグルは、ウィキペディア（Wikipedia）に対抗してグーグル・ノル（Google Knol）を立ち上げている。

このように、グーグルはコンテンツ・プラットフォーム事業を強化する一方で、事業整理も進めている。2009年1月、Googleは、Google Video、Google Notebook、Google Catalog Search、Jaiku、Dodgeball、Mashup Editorの6サービスを終了することを発表している（図表5－1－⑤）。また、Livelyを含む幾つかのWEBサイトを閉鎖している。こうした事業整理はリーマンショック後の景気後退に伴うコスト削減策の一環で、これまで新規事業の開発を主眼として成長戦略を取り続けてきたグーグルの企業戦略を見直すものであった。この他にも景気後退に伴うコスト削減策は、ヒューマン・リソースや福利厚生の領域にも及んだ。特に、ヒューマン・リソースの領域ではグーグル創業以来、初めての縮小に踏み切り、採用抑制と解雇により2008年に2万2222名であったフル・タイムの従業員数は、2009年には1万9835名へと減少している（図表5－1－⑥）。

2・8▼経営体制の見直しとさらなる躍進

2011年1月、グーグルはシュミットがCEOを退任し、それまで製品部門担当社長であったペイジが4月からCEOに就任する旨を発表する（図表5-1-⑦）。シュミットは会長職に専念し、技術部門担当社長であったブリンは現職にとどまる。シュミットによると、今回の経営体制の見直しはペイジがCEOに就任することで、今後、ペイジの最大の強みである製品開発や技術戦略をリードすることが可能となり、グーグルの日々のオペレーション責任者として、グーグルの技術とビジネス上のビジョンを見事に統合してくれるであろうとの見解を述べている。製品開発のリードはこれまでもペイジが取っていたし、シュミットは会長職に専念し政府との折衝、企業との取引や提携など外部との窓口役の職務を今後も継続して行い、ブリンは技術部門を変わらず統括していくことから、本質的には経営体制に変更はなく3人による集団意思決定という経営システムは今後も継続されるとみられる。

2・9 ▶ 特許訴訟戦争と戦略シフト

グーグルは、市場の拡大と高い成長率が見込まれるスマートフォン市場でアンドロイドの優位性を築くことに成功したが、アンドロイドがオープンソースでもあることから、2010年以降、急成長中のアンドロイドへの特許訴訟が直接的もしくは間接的に起こり始める。2010年8月には、オラクル（Oracle Corporation）がグーグルに対し、アンドロイドのJava実装の知的所有権侵害に関する訴訟を起こしている。アンドロイドはJavaをDalvik VMにより独自実装しており、サン・マイクロシステムズ（Sun Microsystems, Inc.）が提供するコードを使用していない。これは、明らかにJava実装の知的所有権を有するサンへのライセンス使用料の支払いを逃れるための手段であるというのがオラクルの主張であるが、オラクルがサンを買収する以前からサンはこのことを主張し続けてきた。グーグルは、この訴訟で知的所有権侵害を理由にオラクルからライセンス使用料の支払いを求められている。また、2010年10月には、アンドロイド搭載のモトローラ製スマートフォンに対しマイクロソフトの特許が侵害されたとして、マイクロソフトがモトローラを提訴している。マイクロソフトが主張する特許とは、電子メール、スケジュール、住所録情報の同期、信号の強度やバッテリー残量を知らせるアプリケーションなどに関する技術で、これらの機能にマイクロソフトの9件の特許が使用されているというものである。

グーグルとしては、こうしたアンドロイドに対する直接的もしくは間接的な特許訴訟を自社に有利な方向で解決へと導くために、特許の相互利用契約の締結で和解するアプローチを取るのが妥当であると思われるが、グーグルには保有する特許が極めて少ないという弱点が存在する。米国特許商標庁（United States Patent and Trademark Office：USPTO）によると、2010年末で1万5000件を超える特許を保有するマイクロソフトや約2800件の特許を保有するアップルに対し、グーグルの特許保有件数は約500件と極端に少ない。こうした状況では、攻撃的な特許訴訟から自社製品を守る対抗手段を講じることはできない。

そこで、グーグルはこの状況を打開するため、2011年8月、米通信機器大手のモトローラ・モビリティ（Motorola Mobility Holdings, Inc.）を125億ドルで買収することを発表する。グーグルの過去の企業買収ではダブルクリックの31億ドルが最大であったが、モトローラ・モビリティの買収はこれを遥かに上回るグーグル史上最大の買収額となった。モトローラ・モビリティは、2010年末で約1万6800件の特許を保有しているため、グーグルとしては係争中の多くの特許訴訟を有利に進める手段を手に入れるのに成功したことになる。実際、グーグルは買収の目的を「特許訴訟からアンドロイドのエコシステムを守るため」であると述べている。モトローラ・モビリティが保有する特許が、競合が訴訟攻撃やロイヤリティの要求を控えるほど価値あるものであれば、戦略的買収が有効に機能し携帯電話のポジション強化につながるため、今後もアンドロイドの優位性の持続が可能となる。

一方、この買収はグーグルの今後のアンドロイドの事業モデルの方向性を占う上で、極めて重要な意味を持っている。従来、グーグルはアンドロイドをオープンなプラットフォームとして位置付けた上で、携帯端末市場におけるオープン戦略を構築してきたことから、サムスン電子やソニー・エリクソン、モトローラ、LG電子、台湾HTC、シャープなど世界中の多くの大手端末メーカーがアンドロイドをOSとして採用してきた。そのため、グーグルは携帯端末市場での優位性を築くことができた。だが、モトローラ・モビリティを自社グループに取り込むことで、モトローラ・モビリティへの優遇措置を加速させることになると、これまで築き上げてきたアンドロイドのエコシステムの崩壊を招き、グーグルの優位性を持続することが難しくなる可能性は高くなる。この点に関して、ペイジは「モトローラ・モビリティをあくまでもアンドロイドのライセンスを受けた独立企業として運営し、アンドロイドはその他のメーカーに対してもオープンなプラットフォームとして維持していく」と述べている。これはアンドロイドの事業モデルにおいて今後も戦略シフトがないことを明らかにした発言であると理解できるが、グーグルにとって、今後アンドロイドのオープンソース戦略とモトローラ・モビリティの独立性とのバランスをいかに保っていくかが課題となる（図表5－1－⑧）。

3 事業領域と事業モデル

グーグルの基本戦略は無料による最大化戦略である。それは、自社のあらゆるサービスを無料にして、最大の市場にアプローチしながらできるだけ多くの顧客を自社に導く戦略である。ここでは、まず、グーグルがこの戦略を取るがゆえに、2つの異なる事業構造、すなわち、収入面における事業領域とサービス面における事業領域が存在することを示した上で、両者のつながりや連動性について考察する。また、サービス面における事業領域が、いかなる事業モデルを取っているか検証するとともに、それぞれの事業モデルが収入面における事業領域とどのように連動しているか考察する。

3・1 ▼広告事業とサービス領域

グーグルは2010年に293億2100万ドルの売上高を達成している。図表5－2は、その事業構成比を示したものである。この図から読み取れるように、グーグルの収入の柱となる事業領域は広告事業である。中でもグーグルの直営サイトを通じた広告事業が全収入の約3分の2を占めている。これにAdSenseプログラムを通じたパートナー経由の広告事業収入を併せると、広告事業収入が全収入の96％を占めることになり、グーグルの収入面から見た事業領域は広告事業であることが理解できる。ちなみに、その他の収入に含まれる事業はクラウドサービスのグーグル・アップス（Google Apps）などである。

グーグルはWEB検索サービスを主軸にして、基盤技術やWEBアプリケーションの3つの分

図表5-2▶グーグルの2010年売上高における事業別構成比

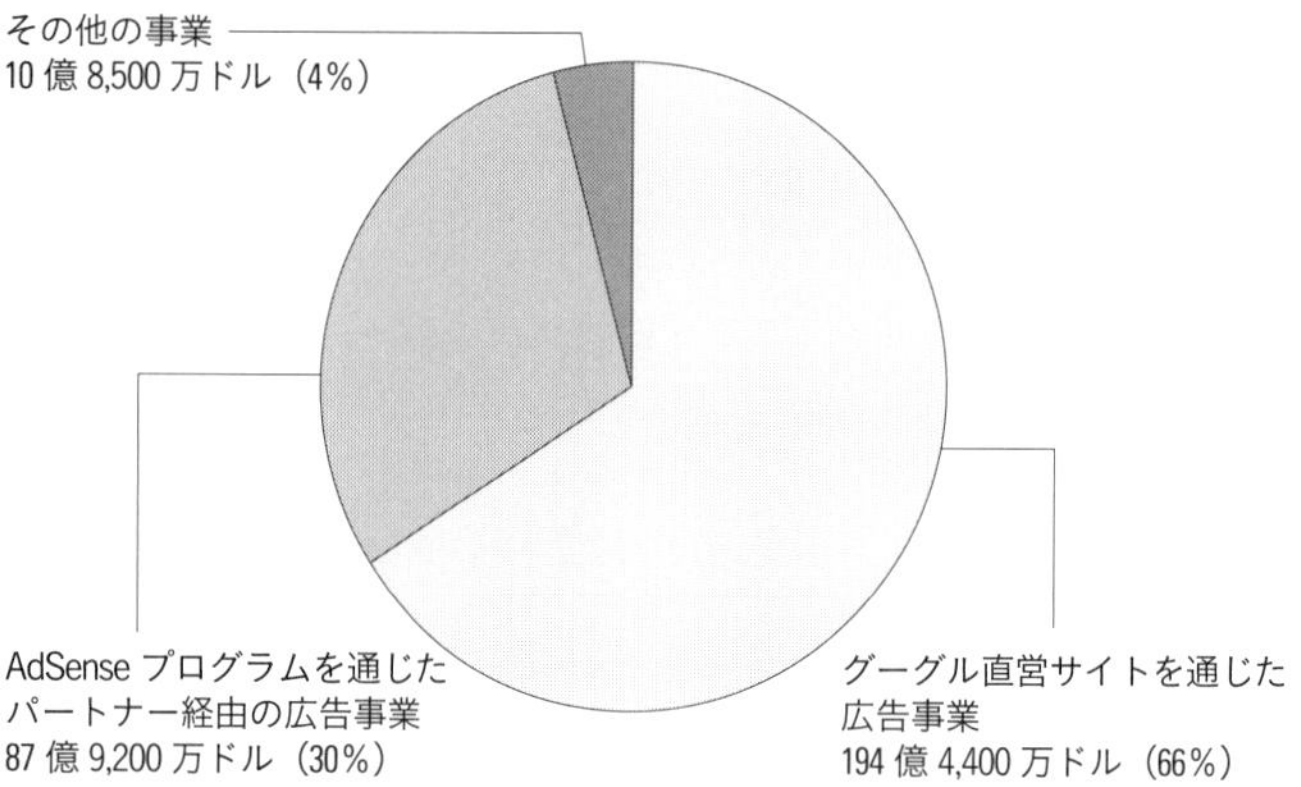

出典：Google Annual report 2010

野で事業領域を拡大し実に多くのサービスを提供してきたが、収入の柱が広告事業である点を鑑みると、直接収入に結び付くサービスは実に少ないことがわかる。つまり、グーグルはさまざまなジャンルで膨大な情報を収集し、こうした情報をインデックス化し整理しながらユーザーに無料で提供することで多くのユーザーを惹き付け、WEBサイトのページビューを増やす一方で、広告主を募りテキスト広告やディスプレイ広告を挿入しながら売上を伸ばしてきた。この無料サービスモデルこそグーグルの事業における基本戦略である。ユーチューブの買収に見られるように、こうした基本戦略を基にサービス領域を拡大するため、グーグルは企業買収戦略も取っている。グーグルとしては自社開発が難しいサービス領域において、今後も企業買収戦略に基づき、グーグルの基本戦

図表5-3 ▶ グーグルの事業領域と事業モデル

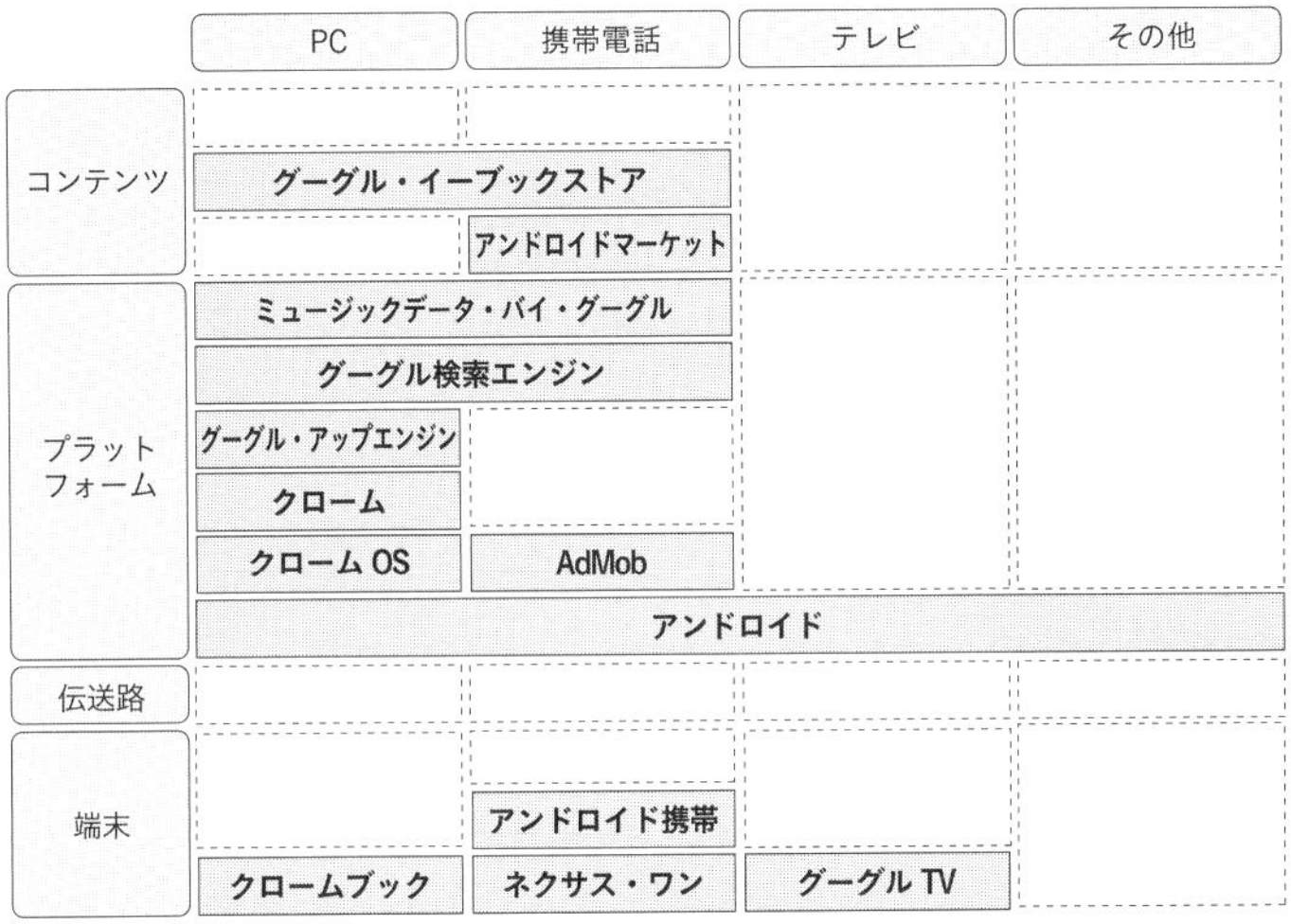

略に見合う新たなプラットフォームを手に入れる可能性は高い。

3・2 ▼ 事業モデル

今やグーグルの事業領域は、PC市場や携帯電話市場に留まらずテレビ市場にも拡大している。図表5-3はグーグルの事業領域と事業モデルを示した図である。この図から、グーグルがPCや携帯電話、テレビなどのデバイス上でプラットフォームをカバーする戦略を取っていることが理解できる。まず、PCの事業領域では、グーグルはネットブックやタブレットPC市場を主戦場と考えている。この市場でのアンドロイドの提供、つまりオープンOSの提供がグーグルのミッションである。一方、携帯電話の事業領域では、世界中の携帯電話メーカーがスマートフォン開発のためのOSとしてアンドロイドに期待を寄せている。このことは、ガートナーが2011年2月に発表した世界携帯電話市場に関する調査結果で、アンドロイドが2010年にスマートフォンの世界販売台数6722万4500台を達成し、2009年の679万8400台と比較して888・8％と爆発的な伸びを示していることからも伺える。さらに、テレビ事業の領域では、アンドロイドを搭載したインターネットテレビを普及させることにより、グーグルの検索エンジンとの連動を可能にすることで広告収入の拡大を目指している。

4 広告プログラムとイノベーション

グーグルの収益の源泉を語る上で、広告モデルの分析は極めて重要な意味を持つ。ここでは、グーグルの代表的な広告モデルであるアドワーズとアドセンスの2つの広告モデルを取り上げる。アドワーズについては、まず、広告主にとってのメリットとデメリットを考察し、アドワーズの収益モデルがグーグルの利益創出のための基本モデルになっていることを示した上で、広告業界にもたらした影響について考察する。一方、アドセンスについては、まず、アドセンスの特徴を示し、収益モデルを明らかにした上で、アドセンスが既存の広告システムを破壊しただけでなく、新たなインターネット・ビジネスの創出にも寄与した点について考察する。

4・1▼アドワーズの特徴

アドワーズは2000年10月にグーグル初の広告プログラムとして導入されたが、CPM方式を採用していたため収入面で伸び悩んでいた。そこで、2002年2月、アドワーズにCPC方式が採用され新バージョンが誕生する。新バージョンでは、このCPC方式に広告に対するユーザー評価が加味されたため、広告の質の評価が可能となった。

広告主にとってのアドワーズのメリットとしてまず挙げられるのは、広告が掲載されただけでは料金が発生せず、実際にクリックされて初めて課金されることから、広告主にとって無駄な費用がかからないことである。すなわち、アドワーズの広告料金は、「クリック1回の単価×広告がクリックされた回数」で決定されるため、出稿するだけでコストのかかる他の広告媒体に比べ低コストのプロモーションが可能となる。

2つ目のメリットとして、アドワーズ広告はグーグルだけでなくアット・ニフティ(@nifty)やビッグローブ(BIGLOBE)、グー(goo)などグーグルのパートナーの検索サイトやコンテンツサイイトにも掲載されることから、数多くの大手優良サイトに広告を低コストで表示することができ、インターネット利用者の大半にアプローチすることが可能となる点が挙げられる。

3つ目のメリットは、選定したキーワードに合わせてあらかじめ広告を登録し、そのキーワードが検索されると自動的に広告を表示するのがアドワーズ広告の仕組みであることから、それぞれのキーワードへの関心を確実に持っている利用者にターゲットを絞り込んで自社のホームページに誘導することができ、また、優良な見込み客に対して的確に訴求できることである。これは他の広告媒体にない大きなメリットである。

4つ目のメリットは、アドワーズ広告を出稿した後グーグル・アナリティクス（Google Analytics）を利用して、出稿した広告の結果を明確に把握できることである。グーグル・アナリティクスでは、どの広告が何回表示されクリックされたか、1回につきいくらのクリック料金が発生したか、また、全体のコストはいくらかなど数多くのデータが収集可能である。

これらのメリットに対して、アドワーズにはデメリットも存在する。それはアドワーズの広告主が限られた文字数でテキスト広告を完成させなければならない点である。アドワーズで表示される広告は、広告タイトルが全角で12文字以内、広告テキストは1行目、2行目ともに全角で17文字以内と文字数が制限されている。こうした制約は検索速度を落さない狙いからグーグルが設定したものであるが、この制約条件の中で、広告主は見込み客に着実にクリックしてもらえるよ

図表5-4▶アドワーズの収益モデル

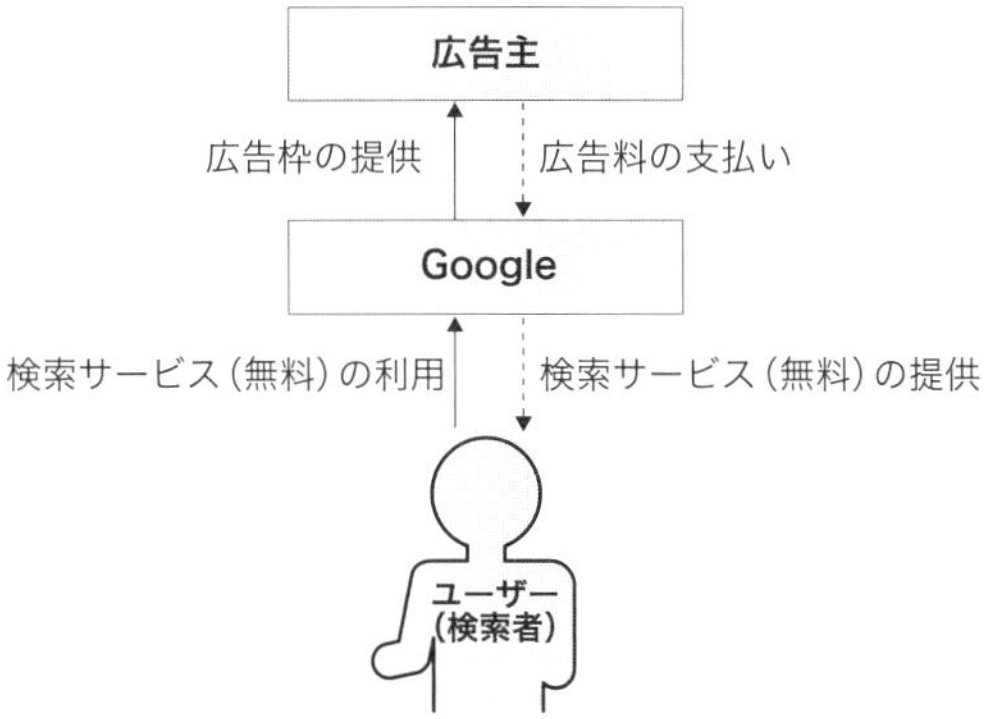

う自社のアドワーズ広告を作成しなければならず、それには経験に裏打ちされたテクニックが必要となる。

4・2▼アドワーズの収益モデルと広告業界にもたらした影響

アドワーズの収益モデルを示すと図表5－4のようになる。この図にはグーグルの基本戦略が隠されている。グーグルは収集したさまざまな情報を検索サイトを通じてユーザーに無償で提供する一方で、検索サイトに広告を挿入し広告主から広告料を得ることで自社の売上を伸ばす戦略を取っている。このモデルはグーグルの利益創出のための基本モデルとなっている。

アドワーズの登場により、それまでイエローページ（yellow pages：電話帳）以外に広告を掲載したことがなかった多くの中小規模の広告主をネットの世界へ招き入れ、ネット広告という選択肢を与えることで多くの中小規模の広告主にネットの市民権を与えたグーグルの功績は大きい。検索サイトというプラットフォーム上に広告主と見込み客（検索者）の接点を見出し、広告主にはビジネス機会の創出を、見込み客には需要の顕在化を誘導した点は、グーグルが広告業界にもたらした大きな業績であるといえよう。

4・3▼アドセンスの特徴

アドセンスはアドワーズと同じＣＰＣ方式を採用して２００３年に誕生した。アドセンスはクリック保証型のインターネット広告サービスで、ＷＥＢサイト上にあるグーグル提供の広告がクリックされるとサイト運営者に報酬が支払われる仕組みを取っている。

ＷＥＢサイト運営者、すなわち、ＷＥＢマスターにとってのアドセンスの最大のメリットは、自分の運営サイトから広告収入が得られることである。通常、バナー広告などを掲載して広告収入を得るためには数千万単位のページビューが必要であり、そうしたＷＥＢサイト以外は広告媒体として成立することは難しいが、アドセンスではページビューが少ない中小規模のサイトでも広告収入を得ることができる。また、ＷＥＢページのコンテンツに合わせてインターネット広告を表示してくれる点もメリットのひとつである。すなわち、自分の運営サイトのページ内にあるテキストをグーグルが分析して、関連性が高く最適であると思われる広告を自動的に配信し表示してくれる。これはWEBマスターが自分のサイトでは提供できない情報をアドセンスによりインターネット広告で補い、さらに自分のサイトを訪問するユーザーにこうした情報を提供するという点で、WEBマスターとユーザー双方にメリットがあるといえる。

さらに、アドセンスは同じ広告を配信したり表示したりせず、一定時間が経過すると同分野の異なる種類の広告を差し替え表示してくれるシステムを取っている。このように一度自分のサイトにユーザーが訪れた後、2度目のアクセス時に一度目とは違う広告を表示してくれるこのシステムは、アクセス数のアップにも大きく役立つものである。

4・4▼アドセンスの収益モデルとイノベーション

アドセンスの収益モデルを示すと図表5-5のようになる。アドセンスが、関連性が高く最適であると思われる広告をWEBマスターに自動的に無償で配信し表示する一方で、広告主から広告料を得ることで自社の売上を伸ばすといった収益モデルを取っている点はアドワーズと同じである。

アドセンスは広告業界の流通システム、すなわち、広告の伝統的な販売手法やコンテンツ・プロバイダーのマーケティングに破壊的イノベーションをもたらした。WEBマスターが自分のサ

図表5-5 ▶ アドセンスの収益モデル

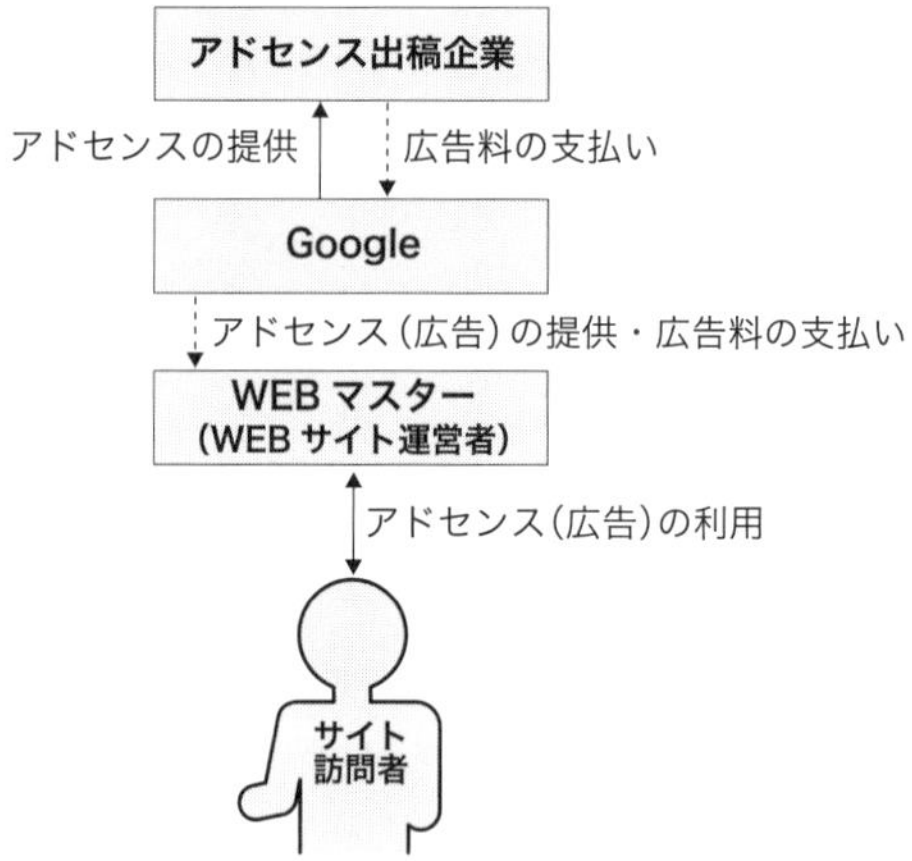

イトに関連性が高く最適であると思われる広告を入手する場合、大抵は広告業界の仲介業者である広告代理店に頼ることになる。アドセンスの登場はこの広告代理店の職を奪い、広告代理店のシステムを破壊するとともに、コンテンツ・プロバイダーが自前のセールス部隊を持たなくても収入を得られるようにした。

グーグルが開発した広告プログラムの1番の功績は、インターネット上に無数点在するWEBサイトに広告収入をもたらした点にある。アドワーズがこれまで実に多くの中小企業にネットの市民権を与え、彼らのWEBサイトを育てWEB自体の成長を促してきたか、また、アドセンスが潜在需要の掘り起こしや新規顧客の開拓を可能にしてきたか、その功績は計り知れない。2番目の功績として、グーグルが新たなビジネス業種を生み出した点が挙げられる。広告主はグーグルが開発した広告プログラムで上位にランクインすることを日々熱望している。なぜなら、上位にランクインすることがビジネスの成功に直結するからである。そこで、自社広告をグーグルの広告プログラムで上位にランクインさせるノウハウをアドバイスする新たな業種が求められるようになる。こうしたアドバイザーはサーチエンジン・マーケッター（Search Engine Marketer）やサーチエンジン・オプティマイザー（Search Engine Optimizer）と呼ばれ、グーグルの検索エンジンを研究し連動する広告の上位に顧客の広告が表示されるよう顧客にアドバイスするビジネスである。こうした新たなインターネット・ビジネスの創出は、ビジネス・クリエーターとしてのグーグルのひとつの大きな功績といえるであろう。

5 20％ルールの発想

グーグルは革新的で自由な経営スタイルを取っている。その象徴ともいえる経営手法が20％ルール（20 Percent Time）である。20％ルールとは、「社員が勤務時間の20％を自分が担当している業務以外の分野に使うことを義務付ける」ルールである。一般的な会社であれば、自分の興味や関心のあることに勤務時間の20％が使えるとなると、なんて自由な会社なのだろうと想像してしまうに違いない。誰もがグーグルの企業風土は自由でオープンであると理解するであろう。だが、この20%ルールは決して遊び感覚で作られた制度ではない。グーグルが保有する有能な人的資源の能力を、最大限に発揮することを目的とした厳格なシステムである。

グーグルはこの20%ルールを研究職の社員だけでなく全てのエンジニアに義務付けており、この20%の時間の中で出された成果は社員の人事評価の対象となる。つまり、グーグルは20%から個人のイノベーティブな成果が発揮されることを真剣に望んでいるわけである。実際に、これまでGメールやグーグル・ニュースなどがこの20%の時間から生まれている。

このように考えてくると、この20%ルールはグーグルの知的自由の象徴でありながら、実行的には極めて効率的に個人の能力を引き出すサービス開発の源泉となっていることがわかる。グーグルが今後もこの20%ルールを継続していくかぎり、優秀なエンジニアの能力を効率的に引き出し、恒常的なサービス開発につなげながら、グーグルの優位性を確保していくに違いない。

6 クラウド・コンピューティング戦略

自社サービスの提供システムとして、マイクロソフトがファットクライアント(fat client)であるのに対して、グーグルはシンクライアント（thin client/slim client）のシステムを取っている。現代の潮流として、ＩＴ業界の枠組みそのものがグーグルによって変わろうとしている。ＩＴ業界の従来の主役がメインフレーム（Mainframe）やＰＣであったとするならば、これからの主役はまさにクラウド・コンピューティングである。グーグルこそがその先駆者になりつつある。

クラウド・コンピューティングとは、従来、ユーザーがローカル側つまりＰＣで利用したり管理したりしていたデータやソフトウェアなどをインターネットなどのネットワークを通して必要に応じて利用するシステムである。ソフトウェアやデータ保存などのサービスを提供するサービス提供事業者は巨大なデータセンターに無数のサーバーを用意して、ソフトウェアやデータ保存サービスを提供できるよう、高度なデータ処理能力やデータ保存能力を備えたシステムを構築する。サービス利用者はネットを通じて遠隔からこうしたソフトウェアなどのサービスを利用することができ、作成したデータの保存や管理もサーバー上で行うことが可能となる。利用者は必要な時に必要なだけ、こうしたソフトやデータ保存サービスを利用することができ、ソフトウェアの購入やインストール、バージョンアップ、データのバックアップなどの作業から解放されることになる。

グーグルが提供するクラウドサービスとしてまず挙げられるのは、グーグル・アップエンジン（Google App Engine：ＧＡＥ）である。ＧＡＥはインフラ上で作成したＷＥＢアプリケーションをホスティング（hosting）してくれるサービスである。ＧＡＥは開始当初の２００８年４月には機能を限定した無料版のみの提供であったが、２００９年２月には有料サービスも提供開始している。ＧＡＥで動かせるプログラムはＷＥＢアプリケーションに限られているため、クラウド環境上でＯＳを丸ごと動かせるアマゾンＥＣ２と異なり、利用範囲がある程度限られている。ＷＥＢアプリケーションの開発が可能なプログラミング言語はPythonやJavaで、PythonやJavaの実行環境はＧＡＥ専用にカスタマイズされている。ＧＡＥを利用することで、ユーザーはサーバーのハードウェア（メモリー、ＣＰＵ、ハードディスクなど）、ハードウェアの冗長化、追加のハードウェア投資、ネットワーク帯域などについて考慮する必要が無くなるため利便性は高い。

この他にグーグルが提供するクラウドを使ったアプリケーション・サービスは数多く存在する。グーグル検索サービスやグーグル・ニュース、Ｇメール、グーグル・リーダー、グーグル・カレンダー、グーグル・アップス、ユーチューブ、グーグル・ドキュメント、ピカサなどである。中でも、中核的な存在がグーグル・アップスである。

グーグル・アップスは個人利用が多いＧメールにスケジューラーなどのアプリケーションを組み合わせたサービスで、独自ドメインで利用することが可能である。グーグル・アップスには、誰でも利用が可能な「スタンダード・エディション」と教育機関向けの「エデュケーション・エディション」の２種類の無料サービスと、ネット事業者が顧客に提供するための「パートナー・

エディション」と企業が社内で使う「プレミア・エディション」の2種類の有料サービスの合計4種類のサービスがある。プレミア・エディションの利用料は1アカウント当たり年間6000円で、メール機能などは99・9%の稼働率を保証している。このグーグル・アップスは、現在、グーグルのクラウド事業の中核となっている。

一方、Gメールはユーザーのメールボックス容量が1ギガバイトに設定された無料提供のWEBメール・サービスである。2010年にはこの容量が7ギガバイトを超え、なお現在でも増量し続けている。さらに、グーグル・ドキュメントはビジネスソフトをクラウド化したもので、ユーザーがネットワーク経由でワープロ文書の作成や表計算ソフトの機能を利用できるサービスである。これらのビジネスソフトはグーグルが独自に開発したものであるが、マイクロソフトのワードやエクセルなどと互換性を保っている。

こうしたクラウドサービスを提供するために、グーグルは巨大なデータセンターを保有している。グーグルが保有するデータセンターはコンテナ型データセンターで、サーバーを含め全てを自社開発している。グーグルはこの事実を2009年4月に認め公表しているが、2003年にはコンテナ型データセンターの特許を取得し、2005年11月から運用を開始している。

コンテナ型データセンターはいわゆる貨物輸送用のコンテナの中に、サーバーやストレージを設置し、冷却・伝送装置や無停電電源などを組み込んで、データセンターに必要な構成要素を全て満たすことで、コンテナをデータセンターとして機能させるものである。輸送用コンテナを用いることで、導入からサービス開始までの期間が短縮されるため、既存のデータセンターより設置コストが安い上、運用コストも抑えることができる。

グーグルのデータセンター運営で特筆すべきは、グーグルがサーバーの故障に備えたバックアップ・サーバーを用意していない点である。サーバーが故障した場合でも、グーグルはシステム全体で処理継続が可能なアーキテクチャーを採用しているため、バックアップ・サーバーがなくても運用が可能となる。プロセッサーの使用率が低いバックアップ・サーバーはサーバー電源の消費電力効率が極めて低いことから、バックアップ・サーバーをなくせば、ハードウェア投資を節約できる上、データセンター全体の電力消費量も抑えられるというわけである。

さらに、グーグルはクラウド・コンピューティングの基盤技術も自社開発している。分散ファイルシステム（ネットワークに分散するファイルの保存・管理を行うシステム）のGFS（Google File System）や並列処理ソフトのマップ・リデュースなどである。GFSやマップ・リデュースはスケールアウト型のアーキテクチャーを採用している。スケールアウト型のアーキテクチャーでは、サーバー台数が多ければ多いほどシステム全体の処理能力を高めることができ、全てのデータセンターで検索要求を分散処理することで、データ処理量が増加しても検索などの処理速度を落さないようにすることが可能となる。このように、グーグルがデータセンターに力を入れるのは、クラウドサービスの展開、すなわち、他社より優れた品質や性能のソフトウェアサービスを提供するために、データセンターが最も重要な基盤インフラであると位置付けているからである。

第6章 プラットフォームの競合と戦略分析

▶▶▶元来、3社はそれぞれ異なる起業分野や形態で出発したが、現在では、さまざまなサービス分野で3社は競合する。競合するサービス分野では、競合他社のサービスに打ち勝つために、サービスレベルの向上が恒常的に図られ、イノベーションによる熾烈な争いが展開されている。3社はそれぞれのサービス分野で顧客価値の創造や向上を目指して、独自のプラットフォームを構築しながら勢力を拡大しているが、その背景には、3社の戦略上の違いが存在する。ここでは、3社が競合するプラットフォームの中で、特に、デジタル音楽配信サービスと電子書籍サービスの2つの分野に焦点をあて、それぞれの分野で展開されている競争状況を詳細に考察しながら、3社に存在する戦略上の違いを検証してみたい。

1 競合するプラットフォーム

これまで見てきたように、アップル、アマゾン、グーグルの3社はさまざまな分野でサービスを提供し、イノベーションの大きな波を起こしてきた。そのため、これら3社が競合するサービス分野は多い。デジタル音楽配信（楽曲購入・楽曲管理）に始まり、アプリ配信、電子書籍、クラウド・コンピューティング、モバイル（携帯電話・広告）、TV、PC（OS）、WEBブラウザなど3社が競合するサービス分野は多岐にわたる（図表6-1）。これらのサービス分野において、3社は常にイノベーティブな技術を開発し競争優位な戦略を取りながら、独自のビジネスモデルを構築し熾烈な争いを展開してきた。特に、最近では、デジタル音楽配信（楽曲管理）サービスや電子書籍、モバイル広告などの分野で新たなサービスが発表され競争が激しさを増している。

ハードウェアとして起業したアップルはコンピュータの肩書を捨て、垂直統合モデルにより

図表6-1 ►3社のサービス分野別プラットフォーム

サービス分野	アップル	アマゾン	グーグル
デジタル音楽配信（楽曲購入）	iTunes ストア	アマゾン MP3	
デジタル音楽配信（楽曲管理）	アイクラウド	クラウドドライブ/クラウドプレーヤー	ミュージックベータ・バイ・グーグル
アプリ配信	アップストア		アンドロイドマーケット
電子書籍	アイブックストア	キンドルストア	グーグル・イーブックストア
クラウドコンピューティング	アイクラウド	アマゾン WEB サービス/クラウドドライブ	グーグル・アップエンジン/グーグル・アップス
モバイル（携帯電話）	iOS		アンドロイド
モバイル（広告）	iAD/iAd Gallery		AdMob
TV	アップル TV		グーグル TV
PC（OS）	マック OS X		クローム OS
WEB ブラウザ	サファリ		クローム

音楽配信やアプリ配信のサービス分野に事業領域を拡大している。また、オンライン書店として起業したアマゾンはオンライン物販の殻を破り、音楽配信やクラウド・コンピューティングなどのサービス分野に参入し多角化を進めている。さらに、検索エンジンとして起業したグーグルはWEBアプリケーションや基盤技術を多数開発し、デジタル化できるコンテンツは全てデジタル化しながら広告モデルをベースに事業領域を広げつつある。

このように起業分野や形態が異なる3社であるが、どの事業者にも共通していえるのはインターネット・ビジネスに不可欠なコンテンツのデジタル化を進め、顧客価値を創造し高めるプラットフォームを構築しながら勢力を拡大している点であり、今後もこうした勢力争いがさまざまなサービス分野で展開され、ますます激化していくことが十分に予想される。

2 デジタル音楽配信（楽曲購入・楽曲管理）サービス

デジタル音楽配信サービス分野は、これまで楽曲を購入するサービスに限られていた。しかも購入した楽曲はPCやiPodなどの音楽プレーヤーにダウンロードしなければならず、ユーザーの便益が必ずしも高いといえるものではなかった。たとえば、アップルのiTunesミュージックストアを利用する場合、事前にPCにiTunesをダウンロードした上で、音楽ファイルを購入しPCなどにダウンロードしなければならい。ただ、iPhoneやiPadにはiTunesが標準搭載されているためiTunesをダウンロードする必要はないが、購入した音楽ファイルをiPhoneやiPadにダウンロードしなければならない点はPCと同様である。

しかし、2011年に入り、アマゾンやグーグルはユーザーに代わって楽曲を管理するサービスを矢継ぎ早に発表し、クラウドを使った音楽管理サービスが実現するようになる。3者の中では、2011年3月に、アマゾンがいち早くアマゾン・クラウドドライブ／クラウドプレーヤーのサービス名で楽曲管理サービスを開始している。5月にはグーグルがアマゾンに追随し、ミュージックベータ・バイ・グーグル（Music Beta by Google）を発表している。グーグルが展開するこのミュージックベータ・バイ・グーグルは、ネットやCDからPCに取り込んだ楽曲をグーグル側に送れば、聴きたいときにいつでもPCやアンドロイド携帯などで楽曲を聴くことができるといったいわゆるクラウドサービスである。ユーザーは楽曲をハードディスクに保存する必要がなく複数の端末機器で自由に楽曲を聴けるようになるため、従来の音楽配信サービスよりもユーザーの利便性は高くなる。このサービスに加え楽曲購入サービスをグーグルが提供すれば、ユーザーが楽曲をグーグル側に送る手間が省けるため、さらにユーザーの利便性が向上するが、グーグルはまだ楽曲購入サービスを開始していない。

このグーグルの上を行く利便性の高いサービスを提供しているのがアマゾンである。アマゾンはクラウドプレーヤーの提供により、既存の楽曲購入サービスであるアマゾンMP3と合わせた音楽配信サービスを提供できるようになった。アマゾンMP3で購入した音楽ファイルは、クラウドドライブにユーザー個人分の容量は使わずに自動保存されるため、ユーザーはPCなどにダウンロードする手間が省ける。クラウドドライブでの容量は5GBまで無料で、アマゾンMP3で楽曲アルバムを購入すれば、購入日から1年間は20GBまで無料で容量が拡張される。また、クラウドドライブには音楽だけでなく、書類や写真、動画などのコンテンツも保存できる。このように、アマゾンはアマゾンMP3とクラウドプレーヤーとを合わせたシナジーの高い音楽配信サービスを実現し、3社の中では最も利便性の高い顧客価値を高めるサービスをいち早く提供することに成功している。

こうした状況の中、これまで音楽配信分野で先行してきたアップルが、2011年6月、新たに無料クラウドサービスとしてアイクラウド（iCloud）を発表する。アイクラウドの正式バージョンの提供開始はiOS5のリリースと同時の2011年10月であったが、あえて発表をこの時期にしたのは、既にクラウド型楽曲管理サービスの提供を発表している競合のグーグルやアマゾンの追撃をかわす狙いがあった。アイクラウドは、ジョブズが説明するように「デジタルハブをクラウドに移す」サービスであり、iPhone、iPad、iPod touch、Mac、ウィンドウズPC上のアプリケーションとシームレスに連動し、ユーザーのコンテンツはアイクラウドに自動的にワイヤレスで保存されるとともに、アイクラウドからユーザーの全てのデバイスに自動的にワイヤレスで配信される。

特に、各デバイス間では同期や共有が可能であり、この点についてジョブズは「これまでは、自分のデバイスに入っている情報やコンテンツを常に最新の状態にしておくのは、実に面倒でフラストレーションのたまるものでした。アイクラウドは全てのデバイスにある大切な情報やコンテンツを常に最新のものにしてくれます。これは全てのワイヤレスで自動的に実行され、その機能がアプリケーションそのものに組み込まれているので、ユーザーはそれについて考える必要すらないのです。ただただ、うまくいくようにできているということです」と述べている。

アイクラウドには、iTunesで購入した楽曲の他に、アップストアで購入したアプリやアイブックストアで購入した電子書籍、写真、ドキュメントなどのデータをワイヤレスでクラウドサーバーに自動的にアップロードできる。特に楽曲管理では、過去にiTunesを通して購入した楽曲を追加費用なしでユーザーのiOSデバイス全てにダウンロードできる他、新たに購入する楽曲もユーザーのデバイス全てに自動的にダウンロードできるようになる。一方、iTunesから購入したものでない楽曲についても、iTunes Matchを利用して同様の恩恵が受けられる。iTunes Matchは、ユーザーがiTunes以外で入手した楽曲が、1800万曲を超えるiTunesミュージックストアで提供中の楽曲と合致する場合には、それを256kbps AAC DRMフリーバージョンと差し替えるというサービスで、合致した楽曲は数分で入手でき、合致しない残りのごく一部の楽曲のみがクラウド上へアップロードされる。このiTunes Matchは年間24・99ドルで2011年11月より提供されている。

このように、アイクラウドの登場により、アップルは楽曲購入サービスであるiTunesミュージックストアと組み合わせたシナジーの高い音楽配信サービスを提供できるようになり、この分野で既に一歩先んじていた競合のアマゾンと容量や価格面で充分に対抗できるプラットフォームを構築するに至っている。

3 電子書籍サービス

電子書籍サービスでもまた、3社のし烈な争いが展開されている。このサービス分野で、リーダーとして競合他社の追随を許していないのがアマゾンである。現在、アマゾンはキンドルストアで、95万冊以上の書籍タイトルを揃えることに成功している。アマゾンの顧客価値の創造はキンドル本体以外では電子書籍の価格設定にある。前述したように、キンドルストアではベストセラー新刊の小売価格を通常米国の書店で販売されている価格の5割前後に設定している。こうしたアマゾンの低価格戦略は確実にキンドルを優位な地位に押し上げており、実際、米国市場でのキンドルのシェアは60％に達している。米国ではキンドルがあれば、書店で書籍を買わなくてもいいといえるほど環境が整いつつある。

一方、アップルは2010年1月よりアイブックストアによる電子書籍サービスを開始している。アイブックストアの電子書籍はiPhoneやiPad、iPodにダウンロードして利用できるが、これらの端末にはあらかじめ専用アプリのアイブックス（iBooks）をインストールしなければならない。このように、アイブックストアで提供される電子書籍の販売チャネルはアップルのデバイスに限定されているが、既にアイブックストアを通じてダウンロードされた電子書籍数は2011年3

月のアップルの発表では1億冊を超えている。電子書籍サービスで成功する重要な要因のひとつは、いかに多くの書籍をデジタル化して書籍タイトル数を増やせるかである。実際、米国の新刊書籍の約9割が電子化されており、雑誌や主要紙の定期配信も進みつつある。この点アップルは2011年3月に、米国の6大出版社全てがアイブックストアでの電子書籍販売を開始することを発表している。6大出版社とは、マクミラン、アシェット・ブック・グループ、サイモン・アンド・シュースター（Simon & Schuster, Inc.）、ランダムハウス（Random House, Inc.）、ペンギンブックス（Penguin Books）、ハーパーコリンズ（HarperCollins）である。6大出版社のこうした意向は間違いなくアップルにとって追い風であり、アップルはこれでアマゾンに攻勢をかける環境を整えたといえる。

これら2社の後塵を拝していたグーグルは、2010年12月にようやく電子書籍ストアをオープンする。グーグルが開設した電子書籍ストアはグーグル・イーブックス（Google eBooks：電子書籍オンライン販売サービス）／イーブックストア（eBookstore：電子書籍販売サイト）で、これまではグーグル・エディション（Google Editions）の名称で呼ばれていた。イーブックスのビジネスモデルの特徴は2つある。1つ目の特徴は、イーブックスがクラウドを利用している点である。イーブックスではグーグルのサーバーにある自分専用の本棚から電子書籍を取り出して読むことができるため、PCなどのデバイスにソフトをインストールして電子書籍をダウンロードする必要がない。もう1つの特筆すべき大きな特徴は何といっても、イーブックストアが分散型の電子書籍ストアである点にある。約300万のタイトル書籍が集まるイーブックストアは所定のURLに存在するが、グーグルの電子書籍ストアは所定のURL以外にもさまざまな場所に現れる。その一例がグーグルの検索結果のページである。検索中に検索対象に関連する電子書籍が表示され、そこからイーブックストアへリンクされているので、ユーザーは検索中に関心を持った電子書籍を読みに行くことができる。グーグルはこの仕組みを提携する出版社や書店に持込みビジネスモデルを構築している。すなわち、イーブックストアの電子書籍を出版社や書店のホームページに表示し、ユーザーがリンク先のイーブックストアで書籍を購入すると、出版社や書店が売上の一部を受け取れる仕組みである。

今後、電子書籍サービス市場で3社が考えていかなければならないことは、出版社や書店といったコンテンツ・プロバイダーが書籍の提供にあたり電子書籍のサプライヤー毎に系列化する場合と、系列化せず全てのサプライヤーに公平に書籍を提供する場合のそれぞれの戦略シナリオであるが、グーグルは既に出版社や書店といったコンテンツ・プロバイダーとこうしたビジネスモデルを構築し、アマゾンやアップルに先駆けてWIN-WINの関係を築き上げることができているため、どちらの場合においてもコンテンツ・プロバイダーを取り込める可能性は高い。このビジネスモデルによるグーグルの狙いは、コンテンツ・プロバイダーを囲い込み独占的な書籍の配給を目指す点にあるわけではなく、全てのコンテンツ・プロバイダーから書籍を配信してもらえれば、グーグルが書籍の配給を受ける1サプライヤーに過ぎなくても問題はないという点にある。

つまり、グーグルとしては、コンテンツ・プロバイダーが書籍の提供にあたり、電子書籍のサプライヤー毎に系列化せず全てのサプライヤーに公平に書籍を提供する場合でも、既にこうしたビジネスモデルが構築できていることや、クラウドなどにより電子書籍を顧客に提供するシステムにおいて、アマゾンやアップルとの差別化が十分に図られていることなどから、最終的には、顧客をイーブックスに取り込める競争力を十分にもっているといえる。よって、今後、イーブックスはアマゾンの優位性を揺るがす大きな脅威になることが予想されるため、アマゾンとしては対抗すべき戦略シナリオの構築に迫られるであろう。

4 3社の戦略比較と今後の方向性

4・1 財務面から見た3社の比較

自社の独自性を発揮しながら競合との差別化を図り、持続的な競争優位を築いてきたアップル、アマゾン、グーグルの3社を財務面から比較すると、それぞれの特徴が財務データに顕著に表

図表6-2 ► 3社の財務データ比較

指標項目	アップル	アマゾン	グーグル
①売上高(2010年)	652億2,500万ドル	342億400万ドル	293億2,100万ドル
②純利益(2010年)	140億1,300万ドル	11億5,200万ドル	85億500万ドル
③従業員	49,400人 (2010年9月)	33,700人 (2010年12月)	24,400人 (2010年12月)
④売上高純利益率	21.4%	3.4%	29.0%
⑤従業員1人当たりの売上高	132.0万ドル	101.5万ドル	120.2万ドル
⑥従業員1人当たりの利益	28.4万ドル	3.4万ドル	34.9万ドル

れていることがわかる。図表6－2は3社の財務データを比較している。ここで特に注目したいのは、④の売上高純利益率である。この指標には3社の事業形態の違いが表れている。アマゾンはネットとリアルの両方にまたがる事業形態を取っているため、特にリアルの面でロジスティクスに関わる流通コストの負担が大きいことから利益が大幅に圧縮され、アップルやグーグルに比べると売上高純利益率が3・4％と極めて低くなっている。

一方、アップルやグーグルは20％以上の高い売上高純利益率を達成しているが、両者にも8％弱の開きがある。両者の差異は、部材コストや製造コストがかかるハード端末などのサービス事業を手掛けているか否かにある。このことは図表3－3と図表5－3とを比較すれば容易に理解できる。グーグルはプラットフォームに集中した戦略を取っており、アップルに比べ手掛ける端末事業が少ないことから、売上高純利益率を常に高いポジションに保つことができるため、結果として強固な収益基盤を築くことができている。

これに対し、アップルは、iMacを始め、iPad、iPhone、アップルTV、iPodなどの端末事業が主力事業になっていることから、部材コストや製造コストなどのコスト負担が大きくなるため、グーグルほどの数字を達成できていない。

もうひとつの注目すべき指標として、⑤の従業員1人当たりの売上高を挙げることができる。この指標では3社に顕著な差異は見られないが、3社とも100万ドル以上の数字を達成していることから、3社の生産性やパフォーマンスが極めて高いことが伺える。特に、アップルがグーグルよりも高い数字を達成しているのは注目に値する。達成した背景にはさまざまな要因があると考えられるが、その大きな要因は、何といっても顧客価値の創造によりiPhoneやiPadを市場に浸透させたことであろう。グーグルは圧倒的なテクノロジー力を背景に広告モデルにより高い収益率を誇る死角のない会社であるが、創造性あふれる革新的なデバイスを開発し提供することで顧客価値を高めればグーグルの牙城を崩せることを、アップルは我々に証明し示してくれたといえよう。

4・2▼戦略比較と今後の方向性

図表6-3 ▶ 3社の戦略分析

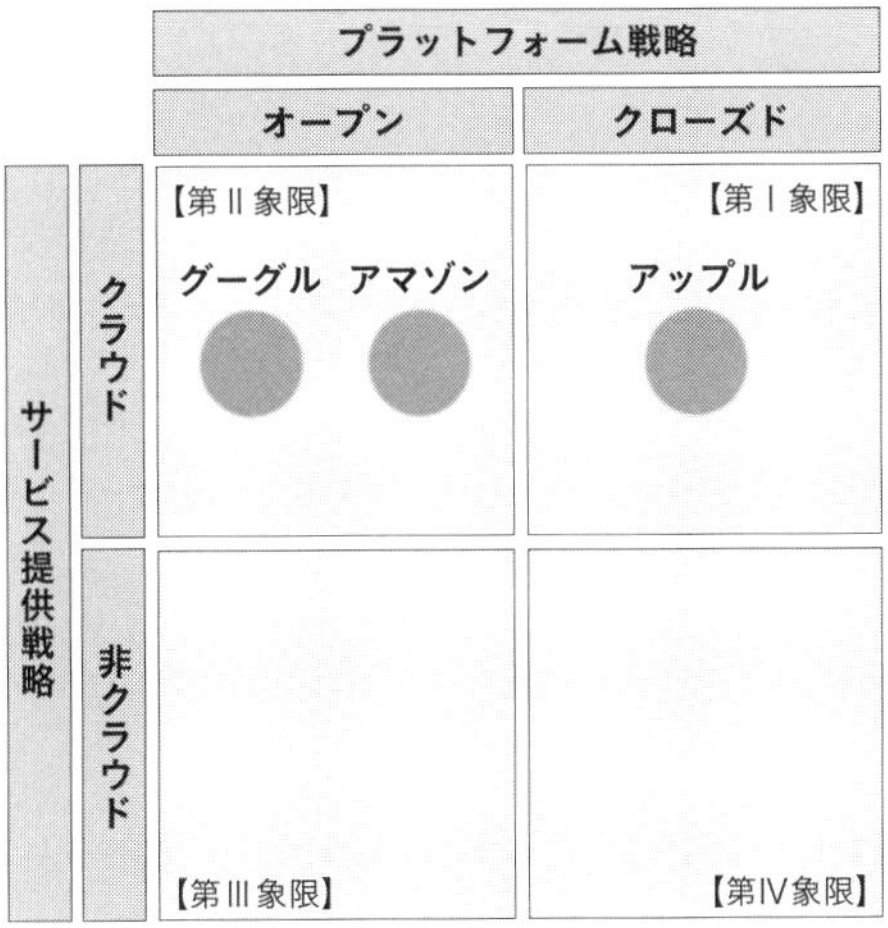

これまで見てきたように、3社はそれぞれの分野で競合するが、それでは一体3社にはどのような戦略上の違いが存在するのだろうか。図表6－3は3社の戦略比較を示している。横軸はプラットフォーム戦略をオープン戦略とクローズド戦略の2つに別け、また、縦軸はサービス提供戦略をクラウド戦略と非クラウド戦略の2つに別けている。この図を使って3社の現在の戦略を分析した上で、今後の戦略の方向性を考察してみたい。

まず、グーグルはアンドロイドなど自社開発したプラットフォームを公開し無料で他社に提供しているため、どの事業者もアンドロイドを使って端末機器を開発できることから、オープンなプラットフォーム戦略を取っているといえる。また、WEB検索サービスをはじめWEB

アプリケーションサービスなどグーグルのほとんどのサービスはクラウド型サービスであることから、グーグルの戦略ポジショニングは図表6－3において第Ⅱ象限に取ることができる。

次に、アマゾンは電子書籍にしても音楽配信にしても他者の端末機器にソフトをダウンロードするなどして利用できることから、オープンなプラットフォーム戦略を取っているといえる。たとえば、電子書籍リーダーであるキンドルには、キンドル本体とは別に2種類のPC版（Kindle for PC/Kindle for Mac）、iPhone版（Kindle for iPhone）、iPad版（Kindle for iPad）、ブラックベリー版（Kindle for BlackBerry）の5種類のキンドルが用意されている。これらはいずれも無料で利用可能なソフトで、キンドルのWEBサイトやiTunesのアップストアからダウンロードして利用できるようになっている。楽曲配信サービスであるアマゾンMP3も同様で、iPhoneやiPadなどのアップル端末やグーグルのアンドロイド端末でも利用できるようになっている。また、サービス提供戦略についてば、アマゾンS3やアマゾンEC2といったAWSはもちろんアマゾンMP3やクラウドプレーヤーなどもクラウド型サービスであることから、アマゾンの戦略ポジショニングはグーグルと同様に図表6－3において第Ⅱ象限にとることができる。

このようにオープンなプラットフォーム戦略でクラウド型のサービス提供戦略を取っているグーグルやアマゾンに対して、アップルの戦略は多少異なる。アップルのサービス提供戦略は、無料の個人向けクラウドサービスであるアイクラウドの他に、デジタルコンテンツをクラウドから提供するいわゆるコンテンツ・クラウド（content cloud）を提供しているため、グーグルやアマゾンと同じクラウド型に属するが、プラットフォーム戦略はクローズドな戦略を取っている。これはiPhoneやiPadが垂直統合モデルで開発製造され、OSを公開したり無償で他社に提供したりしていないことを考えれば自明である。したがって、アップルの戦略ポジショニングは、図表6－3において第I象限にとることができる。それでは、このような戦略を取るアップルが販売チャネルを拡大するために、今後、グーグルやアマゾンがとる第II象限に戦略をシフトするであろうか。その可能性は極めて低い。もし、アップルがOSを公開し他社でも利用できるようになれば、アップルは他のスマートフォンやタブレットPCとの差別化を図ることができなくなり、iPhoneやiPadのブランド価値は明らかに低下するからである。

グーグルやアマゾン、アップルの3社は今後戦略シフトせずに、現在のポジショニングを継続していく可能性は高い。これら3社が音楽や映像、書籍などのコンテンツをデジタル化して、それぞれのサービス分野でプラットフォームを構築することでシェアを伸ばしてきたように、今後も収益の見込める市場で、顧客価値を高めるようなプラットフォームを競合他社に先駆けいかにして構築できるかが、インターネット・ビジネス市場で持続的に成功を収める鍵となるであろう。

【参考文献】

第1章

1――浅羽茂著『経営戦略の経済学』(日本評論社、2004年)
2――角川歴彦著『クラウド時代と〈クール革命〉』(角川書店、2010年)
3――クリス・アンダーソン著、篠森ゆりこ訳『ロングテール――「売れない商品」を宝の山に変える新戦略(アップデート版)』(早川書房、2009年)
4――経済産業省「『平成22年度我が国情報経済社会における基盤整備』(電子商取引に関する市場調査)の結果公表について――越境電子商取引市場規模調査を初実施」(2011年6月)
5――総務省「平成22年通信利用動向調査の結果」(2011年5月)
6――日本インターネット協会編『インターネット白書2010』(インプレス、2010年)
7――佐々木俊尚著『次世代ウェブ:グーグルの次のモデル』(光文社、2007年)
8――電通総研編『情報メディア白書2010』(ダイヤモンド社、2010年)
9――トーマス・アイゼンマン、ジェフリー・パーカー、マーシャル・W・バンアルスタイン「ツー・サイド・プラットフォーム戦略――「市場の二面性」のダイナミズムを生かす」(『ハーバードビジネスレビュー』2007年6月号、ダイヤモンド社、2007年)
10――中村義哉「グルーポン系サイト ポンパレとGROUPONの2強へ」(ネットレイティングス株式会社・Nielsen Online REPORTER 2011年1月18日号)(http://www.netratings.co.jp/hot_off/archives/NNR0118 2011.htm)
11――野中郁次郎、竹内弘高著、梅本勝博訳『知識創造企業』(東洋経済新報社、1996年)

12——横山寛美著『経営戦略 ケーススタディ〜グローバル企業の興亡〜』(シグマベイスキャピタル、2009年)

13——BBC News "Twitter co-founder Jack Dorsey rejoins company" by Maggie Shiels 28 March 2011 (http://www.bbc.co.uk/news/business-12889048)

14——BB C NEWS "Web icon set to be discontinued" December 28, 2007 (http://news.bbc.co.uk/2/hi/7163547.stm)

15——comScore, Inc. Press Release "comScore Media Metrix Ranks Top 50 U.S. Web Properties for March 2011"April 22, 2011 (http://www.comscore.com/Press_Events/Press_Releases/2011/4/comScore_Media_Metrix_Ranks_Top_50_U.S._Web_Properties_for_March_2011)

16——David S. Evans, Andrei Hagiu, and Richard Schmalensee, *Invisible Engines*, MIT Press, 2008.

17——David S. Evans and Richard Schmalensee, "Catalyst Code"., *Harvard Business school Press*, 2007.

18——Facebook's conference f8. September 22, 2011

19——InvestorWords.com "One Statement Made About the Internet Bubble in 1999" by Henry Blodget January 1999 (http://www.investorwords.com/tips/939/one-statement-made-about-the-internet-bubble-in-1999.html)

20——ITU World Telecommunication/ICT Indicators Database 2011(15th Edition) (http://www.itu.int/ITU-D/ict/publications/world/world.html)

21——Microsoft "A history of Internet Explorer" April 8, 2011 (http://windows.microsoft.com/en-US/internet-explorer/products/history)

22——NE　WSMAX.COM "Facebook Membership Hits 500M Mark" July 22, 2010 (http://www.newsmax.com/SciTech/Facebook--Membership--500M--Mark/2010/07/22/id/365317)

23——TechCrunch "Full Details On Twitter's Long-Awaited Ad Platform: Promoted Tweets" by Jason Kincaid April 12, 2010 (http://techcrunch.com/2010/04/12/full-details-on-twitters-long-awaited-ad-platform/)

24——The New York Times "Microsoft to Pay $240 Million for Stake in Facebook" by Brad Stone October 25, 2007 (http://www.nytimes.com/2007/10/25/technology/24cnd-facebook.html)

25——THE WALL STREET JOURNAL "Exclusive: Twitter's Next Moneymaker–"Promoted Trends"" by Peter Kafka June 11, 2010 (http://mediamemo.allthingsd.com/20100611/exclusive-twitters-next-money-maker-promoted-trends/)

26——THE WALL STREET JOURNAL "To Advertisers, Twitter's a Fledgling" by Emily Steel & Amir Efrati September 26, 2010 (http://online.wsj.com/article/SB10001424052748703793804575512711786346900.html?mod=googlenews_wsj)

27——Twitter ウェブサイト「Twitter社について」April 11, 2011 (http://twitter.com/about)

28——WIRED "THIS DAY IN TECH April 22, 1993: Mosaic Browser Lights Up Web With Color, Creativity" by Michael Calore April 22, 2010 (http://www.wired.com/thisdayintech/2010/04/0422mosaic-web-browser/)

第 2 章

1——クレイトン・クリステンセン著、伊豆原弓訳『イノベーションのジレンマ——技術革新が巨大企業を滅ぼすとき』(翔泳社、2000年)

2——クレイトン・クリステンセン、マイケル・レイナー著、櫻井祐子訳『イノベーションへの解——利益ある成長に向けて』(翔泳社、2003年)

3——ジェイ・B・バーニー著、岡田正大訳『企業戦略論——企業優位の構築と持続(上)』(ダイヤモン

ド社、２００３年）

4——寺本義也他著『ビジネスモデル革命——グローバルな「ものがたり」への挑戦（第3版）』（生産性出版、２０１１年）

5——沼上幹著『経営戦略の思考法——時間展開・相互作用・ダイナミクス』（日本経済新聞出版社、２００９年）

6——早稲田大学ＩＴ戦略研究所編、根来龍之監修『デジタル時代の経営戦略』（メディアセレクト、２００５年）

7——マーク・ジョンソン著、池村千秋訳『ホワイトスペース戦略——ビジネスモデルの「空白」をねらえ』（阪急コミュニケーションズ、２０１１年）

8——マイケル・Ｅ・ポーター著、土岐坤、中辻萬治、小野武夫訳『競争優位の戦略——いかに高業績を持続させるか』（ダイヤモンド社、１９８５年）

9——マイケル・Ａ・ヒット、Ｒ・デュエーン・アイルランド、ロバート・Ｅ・ホスキソン著、久原正治、横山寛美監訳『戦略経営論——競争力とグローバリゼーション』（センゲージラーニング、２０１０年）

10——ラモン・カサデサス・マサネル、ジョアン・Ｅ・リカート著「優れたビジネスモデルは好循環を生み出す」（『ハーバード・ビジネス・レビュー』２０１１年8月号、ダイヤモンド社、２０１１年）

11——AFP BBNews「話題の「iPhone」登場、その陰には台湾企業が——台湾」２００７年１月18日（http://www.afpbb.com/article/environment-science-it/it/2168863/1252302）

12——Apple Press Release "Apple Reinvents the Phone with iPhone" January 9, 2007 (http://www.apple.com/pr/library/2007/01/09iphone.html)

13——Apple Press Release "Verizon Wireless & Apple Team Up to Deliver iPhone 4 on Verizon" January 11, 2011

(http://www.apple.com/pr/library/2011/01/11iphone.html)
14——Bloomberg "Apple's IPhone Sells for Double Costs, ISuppli Says（Update5）" by Kevin Cho and Ville Heiskanen July 3, 2007（http://www.bloomberg.com/apps/news?pid=newsarchive&sid=amXGY6M1IQGk&refer=home）
15——cnet News "Teardown analysis estimates nice margins on the iPhone" by Tom Krazit July 3, 2007（http://news.cnet.com/8301-10784_3-9739249-7.html）
16——Online Media Daily "Verizon To Open V Cast Apps Store This Month" by Mark Walsh March 24, 2010（http://www.mediapost.com/publications/?fa=Articles.showArticle&art_aid=124917）
17——The New York Times "Chiefs Defend Slow Network for the iPhone" by John Markoff June 29, 2007（http://www.nytimes.com/2007/06/29/technology/29phone.html?scp=1&sq=AT&T%20Apple%20exclusive%20June%2029%202007&st=cse）

第３章

1——アイサプライ社「iPadの中位機種がアップルの利益源——アイサプライの機器分析暫定結果」（http://www.isuppli.co.jp/pdf/IS06-PR155J12Feb.pdf）
2——淺羽茂著『経営戦略の経済学』（日本評論社、２００４年）
3——オーウェン・W・リンツメイヤー、林信行著『アップル・コンフィデンシャル2.5J（上）』（アスペクト、２００６年）
4——オーウェン・W・リンツメイヤー、林信行著『『アップル・コンフィデンシャル2.5J（下）』（アスペクト、２００６年）
5——テクノロジックアート著『iPhone SDK——Programming manual』（ソーテック社、２００９年）

6――クレイトン・クリステンセン著『イノベーションのジレンマ』（翔泳社、２００８年）

7――クレイトン・クリステンセン、マイケル・レイナー著『イノベーションへの解』（翔泳社、２００８年）

8――日経新聞社「iモードでアップル流アプリ配信　ドコモ、今秋から個人のアプリ開発容易に」（http://www.nikkei.com/news/headline/article/g=96958A9C93819696E2E0E2918B8DE3EAE2EAE0E2E3E29C9CEAE2E2E2）

9――林信行著『iPadショック――iPhoneが切り拓き、iPadが育てる新しいビジネス』（日経ＢＰ社、２０１０年）

10――マイケル・E・ポーター著、土岐坤、中辻萬治、服部照夫訳『競争優位の戦略』（ダイヤモンド社、２００３年）

11――マイケル・E・ポーター著、土岐坤、中辻萬治、服部照夫訳『新訂競争の戦略』（ダイヤモンド社、２００６年）

12――松村太郎著『タブレット革命――iPad登場でわかった〝板型PC〟の破壊力』（アスキー・メディアワークス、２０１０年）

13――Apple Press Release "Apple's App Store Downloads Top 15 Billion" July 7, 2011 (http://www.apple.com/pr/library/2011/07/07Apples-App-Store-Downloads-Top-15-Billion.html)

14――Apple Press Release "Letter from Steve Jobs" August 24, 2011 (http://www.apple.com/pr/library/2011/08/24Letter-from-Steve-Jobs.html)

15――Apple Press Release "Steve Jobs Resigns as CEO of Apple" August 24, 2011 (http://www.apple.com/pr/library/2011/08/24Steve-Jobs-Resigns-as-CEO-of-Apple.html)

16――David S. Evans, Andrei Hagiu, and Richard Schmalensee, “*Invisible Engines*,” MIT Press, 2008.
17――David S. Evans and Richard Schmalensee, “Catalyst Code”., *Harvard Business school Press*, 2007.
18――Google “Android: momentum, mobile and more at Google I/O” May 10, 2011（http://googleblog.blogspot.com/2011/05/android-momentum-mobile-and-more-at.html）
19――Seeking Alpha “Apple, Inc. F2Q09（Qtr End 03/28/09）Earnings Call Transcript”（http://seekingalpha.com/article/132506-apple-inc-f2q09-qtr-end-03-28-09-earnings-call-transcript?page=-1）

第４章

1――「アマゾン・ドット・コム・インク有価証券報告書」（平成21年4月27日提出版）（http://toushi.kankei.me/docs/text/S0002YY3）
2――クレイトン・クリステンセン、マイケル・レイナー共著『イノベーションへの解』（翔泳社、２００８年）
3――佐々木俊尚著『電子書籍の衝撃――本はいかに崩壊し、いかに復活するか？』（ディスカヴァー・トゥエンティワン、２０１０年）
4――ジェフ・ベゾス著「アマゾン・ウェイ～挑戦、顧客志向、楽観主義」（『ハーバード・ビジネス・レビュー』２００８年２月号、ダイヤモンド社、２００８年）
5――武井一巳著『アップル vs アマゾン vs グーグル――電子書籍、そしてその「次」をめぐる戦い』（毎日コミュニケーションズ、２０１０年）
6――田代真人著『電子書籍元年――キンドルで本と出版業界は激変するか？』（インプレスジャパン、２０１０年）

7——日経ＢＰ社出版局編、中田敦他著『クラウド大全——サービス詳細から基盤技術まで＝The complete cloud computing』（日経ＢＰ社、２００９年）

8——森洋一著『米国クラウドビジネス最前線』（オーム社、２０１０年）

9——横山寛美著『経営戦略——ケーススタディ　グローバル企業の興亡』（シグマベイスキャピタル、２００９年）

10——依田弘作編集『電子書籍の基本からカラクリまでわかる本』（洋泉社、２０１０年）

11——レベッカ・ソーンダーズ著、千葉元信、岡崎久美子、松尾秀樹訳『アマゾン・コム——ネット書店から発展を続ける』（三修社、２００４年）

12——All Business “Does Amazon Own Single-Click Ordering? ” December 1, 1999 (http://www.allbusiness.com/retail-trade/home-furniture-furnishings-equipment-stores/4266111-1.html)

13——amazon.com “AMAZON.COM ANNOUNCES RECORD FREE CASH FLOW FUELED BY LOWER PRICES AND YEAR-ROUND FREE SHIPPING” January 27, 2004 (http://media.corporate-ir.net/media_files/irol/97/97664/news/q4-2003/Q3-04release.pdf)

14——amazon.co.jp “Amazonと地球” March 29, 2011 (http://www.amazon.co.jp/%E4%BC%81%E6%A5%AD%E8%B2%AC%E4%BB%BB/b/ref=footer_corpres?ie=UTF8&node=2038753051)

15——amazon.com “Annual Reports and Proxies” March 28, 2011 (http://phx.corporate-ir.net/phoenix.zhtml?c=97664&p=irol-reportsannual)

16——amazon.com “Kindle at a glance” April 6, 2011 (http://www.amazon.com/Kindle-Wireless-Reader-3G-Wifi-Graphite/dp/B003DZ1Y7M/ref=amb_link_353368562_4?pf_rd_m=ATVPDKIKX0DER&pf_rd_s=center-1&pf_rd_r=0WR75F0J7JPD627TP6ZQ&pf_rd_t=101&pf_rd_p=1289229502&pf_rd_i=507846)

17—— amazon.com "Locations" March 28, 2011 (http://www.amazon.com)

18—— amazon.com "News Release Amazon Kindle Now for Sale to Customers in More Than 100 Countries" October 7, 2009 (http://phx.corporate-ir.net/phoenix.zhtml?c=176060&p=irol-newsArticle&ID=1339430&highlight=)

19—— amazon.com "News Release Amazon Web Services Launches" March 14, 2006 (http://phx.corporate-ir.net/phoenix.zhtml?c=176060&p=irol-newsArticle&ID=830816&highlight=)

20—— amazon web services "Amazon EC2 料金表" March 29, 2011 (http://aws.amazon.com/jp/ec2/pricing/)

21—— amazon web services "Amazon Simple Storage Service (Amazon S3) " March 29, 2011 (http://aws.amazon.com/jp/s3/)

22—— amazon.com "News Release Introducing Amazon Cloud Drive, Amazon Cloud Player for Web, and Amazon Cloud Player for Android" March 29, 2011 (http://phx.corporate-ir.net/phoenix.zhtml?c=176060&p=irol-newsArticle&ID=1543596&highlight=)

23—— amazon.com "News Release Introducing Amazon Kindle" November 19, 2007 (http://phx.corporate-ir.net/phoenix.zhtml?c=176060&p=irol-newsArticle&ID=1079388&highlight=)

24—— amazon.com "News Release Introducing Amazon Kindle 2" February 6, 2009 (http://phx.corporate-ir.net/phoenix.zhtml?c=176060&p=irol-newsArticle&ID=1254544&highlight=kindle 2)

25—— amazon.com "News Release Introducing Kindle DX--Amazon's Large Screen Addition to the Kindle Family of Wireless Reading Devices" May 6, 2009 (http://phx.corporate-ir.net/phoenix.zhtml?c=176060&p=irol-newsArticle&ID=1285140&highlight=kindle dx)

26—— American libraries "Barnes & Noble Buys Ingram for $600 Million" November 16, 1998 (http://www.ala.org/ala/alonline/currentnews/newsarchive/1998/november" http://www.ala.org/ala/alonline/currentnews/

newsarchive/1998/november1998/barnesnoblebuys.cfm)

27——American libraries “Barnes & Noble Cools Ingram Purchase” June 7, 1999 (http://www.ala.org/ala/alonline/currentnews/newsarchive/1999/june1999/barnesnoblecools.cfm)

28——Audible.com “Amazon.com to Acquire Audible.com” January 31, 2008 (http://about.audible.com/2008/07/10/amazoncom-to-acquire-audiblecom/)

29——BARNE&NOBLE BOOKSELLERS “Barnes & Noble History” (http://www.barnesandnobleinc.com/our_company/history/bn_history.html)

30——CNET News “Amazon.com raises IPO price” April 22, 1997 (http://news.cnet.com/Amazon.com-raises-IPO-price/2100-1001_3-279113.html)

31——HighBeam Research “Amazon To Take Over Borders.com.” July 1, 2001 (http://www.highbeam.com/doc/1G1-78976497.html)

32——“Initial Public Offering (IPO) - More E-commerce Companies Go Public, 1997-1999” (http://ecommerce.hostip.info/pages/583/Initial-Public-Offering-IPO-MORE-E-COMMERCE-COMPANIES-GO-PUBLIC-1997-1999.html)

33——Los Angeles Times 〝Amazon.com Buys 40% Stake in Drugstore.com〟 February 25, 1999 (http://articles.latimes.com/1999/feb/25/business/fi-11466)

34——marketspaceNext “Amazon.com timeline” August 2002 (http://www.marketspaceu.com/DashboardDocumentDisplayServletebbf.pdf?ci=1&docid=494&dashBoardEntityTypeId=15)

35——Mashable “Amazon Acquires Brilliance Audio To Widen Selection” by Kristen Nicole May 23, 2007 (http://mashable.com/2007/05/23/amazon-brilliance-audio/)

36——SwampFox "Amazon.com Acquires BookSurge LLC" April 4, 2005 (http://www.swampfox.ws/amazoncom-acquires-booksurge-llc)
37——timeline "Amazon announces IPO" May 15, 1997 (http://www.xtimeline.com/evt/view.aspx?id=66567)
38——timeline "Amazon.com Associates Program is launched" Jul 1996 (http://www.xtimeline.com/evt/view.aspx?id=66573)
39——TWICE "Kindle Has $185 In Parts" April 23, 2009 (http://www.twice.com/article/260804-iSuppli_Kindle_Has_185_In_Parts.php)

第５章

1——オガワカズヒロ著『ソーシャルメディア維新——フェイスブックが塗り替えるインターネット勢力図』(毎日コミュニケーションズ、２０１０年)
2——ケン・オーレッタ著、土方奈美訳『グーグル秘録——完全なる破壊』(文藝春秋、２０１０年)
3——ジェイ・B・バーニー著『企業戦略論・下』(ダイヤモンド社、２００７年)
4——武井一巳著『アップル vs アマゾン vs グーグル——電子書籍、そしてその「次」をめぐる戦い』(毎日コミュニケーションズ、２０１０年)
5——デビッド・ヴァイス、マーク・マルシード著、田村理香訳『Google誕生——ガレージで生まれたサーチ・モンスター』(イースト・プレス、２００６年)
6——日経BP社出版局編、中田敦他著『クラウド大全——サービス詳細から基盤技術まで(第2版)』(日経BP社、２０１０年)
7——日経コンピュータ編『Googleの全貌——そのサービス戦略と技術』(日経BP社、２００９年)

8——森洋一著『米国クラウドビジネス最前線』(オーム社、２０１０年)
9——Gartner Press Release "Gartner Says Worldwide Mobile Device Sales to End Users Reached 1.6 Billion Units in 2010; Smartphone Sales Grew 72 Percent in 2010" February 9, 2011 (http://www.gartner.com/it/page.jsp?id=1543014)
10——Google「Googleの概要」(http://www.google.com/intl/ja/corporate/)
11——Google「Google の理念・10の事実」(http://www.google.com/intl/ja/corporate/)
12——Google Press Release "Google to Acquire Motorola Mobility" (http://investor.google.com/releases/2011/0815.html)
13——The Official Google Blog "Supercharging Android:Google to Acquire Motorola Mobility" (http://googleblog.blogspot.com/2011/08/supercharging-android-google-to-acquire.html)
14——United States Patent and Trademark Office"Ranked List of Organizations with 1000 or More Patents Granted During the Period, as Distributed Either or Both by the Year of Patent Grant and by the Year Of Patent Application Filing (Granted: 01/01/1986 - 12/31/2010) " (http://www.uspto.gov/web/offices/ac/ido/oeip/taf/all_tech.htm#PartB)

第 6 章

1——アップルプレスインフォ "Apple、iCloudを発表" (Apple Inc.・２０１１年6月7日)(http://www.apple.com/jp/news/2011/jun/07icloud.html)
2——Apple, Inc.(http://www.apple.com/ipad/built-in-apps/ibooks.html)
3——Google "Discover more than 3 million Google eBooks from your choice of booksellers and devices" (http://googleblog.blogspot.com/2010/12/discover-more-than-3-million-google.html)

▼▼▼ あとがき

本書では、イノベーション、経営学、ビジネスモデル、経済学などさまざまな面から、インターネット・ビジネスを捉えようと試みた。既に社会的インフラとして、人々の日常生活に溶け込んでいるアップル、アマゾン、グーグルの3社は、インターネット・ビジネスの理解を深める上で極めて有効な企業である。本書で提言した「ネット解」とは、インターネット・ビジネスにおいて、顧客価値の創造、イノベーション、競争優位の3つの大きなハードルを越えることを意味する。つまり、それは、顧客価値を創造しながらイノベーションの波を起こし持続的な競争優位を築く要因に他ならない。3社は「イノベーションが競争優位の源泉である」ことや「インターネットを上手く活用すれば、経済的価値を創出してくれる」ことを実証的に示してくれる数少ない企業である。

ここ数年、フェイスブックやツイッターなどソーシャル・メディア・ネットワークが、新たなオンラインビジネスとしてネット市場に登場し衆目を集めているが、これらの企業が「ネット解」を有する企業として成長していくかはまだ定かではない。インターネット・ビジネスの世界において、アップル、アマゾン、グーグルの3社に続くイノベーティブなドットコム企業や既存企業が新たに現れ、近い将来イノベーションの大きな波を起こし、新たな「ネット解」を我々に解き明かしてくれることを期待して止まない。

最後に、本書の出版にあたり、NTT出版の多くの方々にご協力をいただいた。特に、出版本部の吉田英樹氏には多大なご尽力をいただいた。ここに心から感謝の意を記したい。また、本書の執筆にあたり、環境を整え支えてくれた妻に厚く感謝したい。

2012年1月

雨宮　寛二

ふ

へ

す

せ

そ

く

け

索引

雨宮寛二（あめみや・かんじ）
公益財団法人世界平和研究所主任研究員。
ハーバード大学留学時代に情報通信の技術革新に刺激を受ける。日本電信電話株式会社入社後、主に国際事業部門に所属し海外投資事業に従事する。現在、ネットビジネスの調査・研究に携わる傍ら、大学で講師を務めるなど幅広く活動している。
著書に『アップルの破壊的イノベーション』『アップル、アマゾン、グーグルのイノベーション戦略』などがある。

アップル、アマゾン、グーグルの競争戦略

二〇一二年二月一六日　初版第一刷発行
二〇二〇年九月一六日　初版第七刷発行

著者　▼雨宮寛二
発行者　▼長谷部敏治
発行所　▼NTT出版株式会社
〒一〇八-〇〇二三
東京都港区芝浦三-四-一　グランパークタワー
営業担当　TEL　〇三（五四三四）一〇一〇
　　　　　FAX　〇三（五四三四）〇九〇九
編集担当　TEL　〇三（五四三四）一〇〇一
https://www.nttpub.co.jp
編集協力　▼アジール・プロダクション
デザイン　▼米谷豪
印刷・製本▼株式会社暁印刷

ISBN 978-4-7571-2290-1 C0034